U0590808

合流制排水系统溢流控制设施设计计算指南

Standards for the Dimensioning and Design of Stormwater Structures in Combined Sewers

(ATV -A 128E)

德国水、污水和废弃物处理协会	编著
北京雨人润科生态技术有限责任公司 北京建筑大学 中持水务股份有限公司 洹鸿（上海）环保工程设备有限公司	译
赵　杨　陈　灿	主译
车　伍　张翼飞　朱珑珑	主审

中国建筑工业出版社

Standards for the Dimensioning and Design of Stormwater Structures in Combined Sewers

（ATV-A 128E）

ISBN 978-3-933693-16-7

©Deutsche Vereinigung für Wasserwirtschaft，Abwasser und Abfall e. V.，Hennef 2000 as legal successor to Gesellschaft zur Förderung der Abwassertechnik e. V.（GFA），Sankt Augustin 1992

Chinese translation ©2023 China Architecture Publishing & Media Co.，Ltd.

本书经德国水、污水和废弃物处理协会（DWA）授权在中国出版发行。德国水、污水和废弃物处理协会（DWA）的前身为德国污水技术协会（ATV）。如有需要，可在 DWA 官网获取本书相关信息。

此译本由翻译方完成，德国水、污水和废弃物处理协会（Deutsche Vereinigung für Wasserwirtschaft，Abwasser und Abfall e. V.）未做审查。ATV-A 128（1992）更新内容的德语版本已通过 DWA-A 102 提供。包含更新内容的德语版本 DWA-A 102-1（2020）书号为 ISBN 978-3-96862-044-2。

责任编辑：于　莉　孙书妍

责任校对：芦欣甜

编写人员名单

ATV1.9"雨季流量评估及处理"技术委员会中的 ATV 1.9.1/1.9.3 特设工作组负责编制 ATV-A 128，其成员包括：

Göttle，主席，工程学博士，肯普滕

Brunner，教授，工程学博士，卡尔斯鲁厄

Durchschlag，工程学博士，波鸿

Freund，工程学硕士，威斯巴登

Geiger，教授，工程学博士，埃森

Gniosdorsch，工程学博士，法兰克福

Jacobi，工程学硕士，达姆施塔特

Meißner，工程学博士，慕尼黑

Pawlowski，工程学硕士，柏林

Pecher，工程学博士，埃克拉特

Schitthelm，工程学硕士，杜塞尔多夫

Schmitt，工程学博士，凯泽斯劳滕

Sperling，工程学硕士，埃森

Verworn，工程学博士，汉诺威

Willems，工程学硕士，埃森

Wolf，教授，工程学博士，卡塞尔

编写说明

此次发布的《合流制排水系统溢流控制设施设计计算指南》（以下简称"本指南"）是在考虑 1994 年 1 月版 ATV-A 400"规范及标准制定原则"的前提下，在 ATV 委员会工作框架内制定而成。关于规范及标准的应用，ATV-A 400 第 5 章第 1 段中声明"任何人都可使用规范及标准"。出于法律法规、合同或其他法律依据的原因，可能会产生相应的使用义务。用户需对其在特定情况下的正确应用负责，也应对自己使用规范及标准的行为负责。然而，初步证据表明，对用户来说，应用规范及标准进行操作即是采取了必要的谨慎措施。

翻译审校人员名单

翻译组：
赵杨，组长，北京雨人润科生态技术有限责任公司
陈灿，北京雨人润科生态技术有限责任公司
赵方方，德国杜塞尔多夫排水公司

审校组：
车伍，组长，北京建筑大学
李俊奇，北京建筑大学
杨正，北京雨人润科生态技术有限责任公司
王文亮，北京建筑大学
张翼飞，中持水务股份有限公司
朱珑珑，汩鸿（上海）环保工程设备有限公司
李敏，武汉市水务科学研究院

译 者 序

合流制排水系统是世界城市基础设施建设和发展史中遗留下来的一个客观存在，合流制排水系统在雨季产生的溢流（以下简称为CSO）污染也自然成为城市水环境治理中的一个共性问题和国际性难题。进入现代，一些发达国家率先对合流制排水系统及其CSO污染进行了长期研究和艰苦的治理工作，至今已取得显著且卓有成效的成果。可以肯定的是，发展中国家也几乎无一例外地早晚会面对这一大问题。

近20年以来，我国城市污水处理及水环境综合治理取得了显著成效，同时也使得CSO污染这一顽疾愈发凸显，合流制排水系统的改造与完善、CSO污染治理这一世界性难题也越来越突出地摆在我国每个城市的面前。简略回顾，我国城市对CSO污染的治理，大致经历了这样一个过程：主要依靠合流制改造（合改分）来缓解或部分解决；逐步认识到合改分的艰难和巨大代价，及其对CSO污染治理效果的局限性，也吸取发达国家正反两方面的一些经验，适度调整策略，在因地制宜地合理改造合流制排水系统、部分或暂时保留已有合流制系统的同时，直面CSO的污染及其具体控制措施；城市管理部门和行业内对合流制及其CSO污染治理也形成了一定的共识，并在相关的政府文件、专业规范标准中给出明确的阐述和规定，相关研究和工程实践也越来越多。

在这样的背景下，似乎可以这样来描述：我国城市合流制改造及CSO治理已正式拉开帷幕。尤其近年来对海绵城市建设和黑臭水体治理的大力推进，使得中国城市合流制污染治理向前迈进了很大一步，不少城市已取得初步或明显成效。但也必须看到，除了少数的城市区域，我国城市CSO污染治理工作远远没有结束，不少城市或城区才刚刚开始甚至尚未开始。在多个方面，都暴露出一些突出的矛盾和问题：

1. 许多城市尤其是中心城区的水环境污染中，CSO污染的贡献率仍占很大比例，随着污水处理率和处理水平的逐年提高，贡献率还有增大的趋势，这已经构成我国城市水环境进一步改善和水质提升的一大短板。而且，进一步治理的难度非常大，代价也非常高，并持续困扰着许多城市的市长和管理部门；

2. 缺乏稳定、长期有效的治理策略和专项规划，欠缺科学的系统化方案，有些城市在合改分和 CSO 控制上策略失当，举棋不定、徘徊不前，甚至反复；

3. 许多城市的排水系统仍存在大量混流、入渗、非法连接等现象，导致排水系统既不是系统协调、要素完善的合流制系统，也不是完全的雨污分流系统，进一步增加了排水系统整治和水污染治理的难度；

4. 近年来，一些城市花费巨资改造的管道工程和修建的大规模 CSO 调蓄池等设施，效率低下，有些难以正常运行，有些难以形成完善的系统，有些规模过大，有些又规模过小，缺乏可量化的技术经济分析和必要的方案比选，说不清楚花多少钱控制多少污染物总量，达不到预期的治理效果；

5. 除个别城市发布的地方技术指南，目前还没有全国范围广泛适用，既有科学性又具实用性的 CSO 控制系统和措施的系统性专项规范标准或技术指南。分散在一些其他相关规范标准或技术指南中有限的内容，则显得"零碎化"和多方面的欠缺，有些描述、设计参数和方法还存在明显问题或值得商榷。总体上指导性明显不足，这也是导致上述一些问题的重要原因之一。

这里就不一一列举。所有这些，都是我们必须面对和迫切需要妥善解决的问题。

鉴于此，我们购买了德国污水技术协会（ATV，现改为德国水、污水和废弃物处理协会，简称 DWA）权威发布的《合流制排水系统溢流控制设施设计计算指南》ATV-A 128E 的版权，并组织翻译成中文。本指南是德国一个非常重要的专业技术规范，代表了该领域德国公认且成熟的方法、技术和措施，德国各管理部门、业主、设计事务所、专业公司等都必须按此执行，类似于我国的强制性国家技术规范。而且，包括同属德语区的奥地利和瑞士在内，也都采用本指南。

本指南自 1992 年发布以来，对德国合流制管网的溢流污染控制（主要以 COD 为控制指标）发挥了巨大作用。记得在 20 世纪 80 年代末和 90 年代初，我在德国进修期间就特别关注到那时正是德国雨水和 CSO 处理的高峰时期，这使我有机会收集到大量相关的技术资料，也正是在那个时期，他们的大量研究和工程实践为不久之后发布的这本指南奠定了坚实的基础。尽管本指南已发布 30 余年，但至今仍未过时。DWA 在 2020 年又发布了一个新的综合性规范 DWA-A/M 102，内容涵盖了分流制雨水管网和合流制管网，比较特别的是，引入了新的水质参数 AFS63（粒径为 $0.45 \sim 63 \mu m$ 的可过滤物质），在系统治理中把水体的自净能力也考虑进去。

这从某个角度反映出德国水环境治理的新进展和新阶段。我们也正在组织翻译 DWA-A/M 102，不久后将在国内出版，这里不再赘述。DWA-A/M 102 发布后，原 ATV-A 128E 仍然适用于合流制排水系统，二者并行不悖，互为补充。

依我看，对国内的专业读者来说，本指南的以下几大特点值得特别注意：

1. 以污染物（以 COD 计）总量计算和总量控制为主线和基础，来计算所需调蓄池的总容积，以此来保证系统总的控制效率；

2. 充分考虑每个城市、城区或流域排水系统的真实状况和衔接关系，包括排水分区、合流制上游分流区域内的径流控制、上下游衔接、下游的污水处理厂规模和工艺的衔接等；

3. 充分考虑雨水和合流制溢流污染的复杂性、随机性和系统中的一些不确定因素，抓主要矛盾，聚焦关键因素，能忽略的忽略，该简化的简化，把一个看似黑箱或灰箱的模糊模型转化为一个可清晰描述的白箱模型，在计算方法和关键参数上能做到可量化，不离谱。具体根据不同的条件和要求，可合理取值关键计算参数和分别选用简化的"容积分配法"和详细的"负荷验证法"，来合理确定系统中各类调蓄池的具体容积和空间分配，及其他的配套技术和设施，使污染物总量控制目标和控制效率能够落到实处；

4. 充分考虑管道内的沉积物和"外水"的影响，并将其纳入具体的量化计算；

5. 从系统方案到具体设施的设计，做到有理有据，可实施，可评估。最典型如 CSO 控制系统中最核心的调蓄设施，技术成熟，种类多样，本指南中都给出了针对不同的适用条件的设施选择、详尽的构造和运行描述，及设计计算方法。

当然，还有其他更多的详细内容和要点难以一一描述，读者可以自己去详细阅读和总结。

需要提醒，本指南中的整体思路、方法、具体计算方法等大量内容对我们都有很好的借鉴意义，甚至可以说，一些思路和方法和我们提出和采用的也不谋而合。但考虑到我国各城市合流制管网条件、污水处理厂条件、系统的衔接关系、降雨条件、污水和雨水的污染物浓度、管材条件、管道内的沉积物和外来水条件等，甚至我国的一些规定、运维管理等，都与德国有较大差别，在具体参考和应用时需要特别注意，不能完全简单照搬德国的一些具体数据、具体规定和要求。

此外，如果要说本指南有什么不足的话，就是出版的时间较早，对于国际上后来才发展起来的绿色基础设施（包括源头控制的 LID 等）和绿—灰设施相结合的 CSO 控制理念和技术方面存在不足。

我们期望，这本已使用了 30 余年至今仍然有效的技术指南，能够对我国下一阶段各城市合流制改造和 CSO 污染控制的研究和工程实施、政策制定和管理，以及将要编制的国家或地方规范标准和技术指南，或一些相关规范标准的修编，起到积极的参考作用。

北京建筑大学教授
2023 年 2 月 28 日
于张家口崇礼

中文版序一

计划在中国翻译出版《合流制排水系统溢流控制设施设计计算指南》ATV-A 128E 的消息表明，减少来自合流制系统的水体污染以及未经处理的污水导致的水体污染，已成为中国水环境和水资源保护政策的重要关注点。对 DWA（前身为 ATV）而言，这也是对其技术规范的肯定和赞赏。

75 年来，DWA 一直致力于组织各专业领域（污水处理设施运营商、工程设计事务所、水务管理部门及高校）的专家，以志愿者的身份共同制定城市排水和污水处理相关的技术规范。曾经的德国污水技术协会（ATV）因其专业涉及领域的扩大，于 2003 年更名为德国水、污水和废弃物处理协会（DWA），对其发布的技术文件定期审查和更新，并根据法律法规和技术的发展不断调整优化。

1977 年，工作指南 ATV-A 128E 首次以《雨季溢流设施计算和设计规范》的名称发布，并于 1992 年被本指南取代。本指南致力于减少由合流制系统中污水未经处理而排放导致的污染水体的情况，以"合流污水处理"为基本理念，主要包括以下三方面内容：

- 限制进入污水处理厂的雨季流量，以确保污水处理厂的正常运行；

- 通过确定污水处理厂雨季的截流倍数和调蓄容积，对部分雨水进行适当处理；

- 在达到与受纳水体适配的最大调蓄容积后，将合流污水有序溢流排放。

1992 年版工作指南 ATV-A 128E 的核心内容和方法论主要包括：

- 根据污水处理厂的处理能力（特别是二级处理）进行设计和协调运营，灵活调整雨季污水处理厂的进水量作为"设计流量 Q_M"；

- 基于关键指标 COD 制定合流污水处理目标，以平衡合流制及分流制系统中由雨水排放造成的污染；

- 在考虑与溢流相关的特定影响因素（包括年降雨量、硬化面积、旱季流量、污染物及污水处理厂设计入流量）的情况下，提供确定用于雨季临时调蓄的所需调蓄容积的简化方法；
- 单独考虑分流制管网内的污水流量；
- 应用污染物负荷模型，通过长时段模拟对合流制系统的复杂性和问题进行详细分析和评估；
- 鼓励通过下渗和独立排放雨水来减少雨水入流；
- 制定雨季溢流设施的布局、结构、设计及运行规范。

2020年，德国公布了包括DWA-A 102-2在内的用于合流污水处理的最新工作指南，要求必须使用污染物负荷计算作为标准。这一做法充分考虑了合流污水处理技术的整体发展水平和现有系统的基本运行情况。同时，还鼓励实施（分散式）雨水管理措施及有针对性的污染物截留措施，并注意重度污染雨水对合流污水处理的影响。

专家们普遍认为，工作指南ATV-A 128自1992年在德国发布以来，对改善水体状况做出了重大贡献，合流制系统中未经处理的污水排放已显著减少。

特奥·施密特
Prof. Dr. -Ing. Theo G-Schmitt
德国凯泽斯劳滕大学教授
DWA工作指南及技术导则DWA-A/M 102编委会主席
2023年3月
于凯泽斯劳滕/汉纳夫

中文版序二

合流制排水系统作为城市排水发展的历史产物，至今仍在许多国家普遍存在。合流制排水系统的溢流（CSO）所带来的污染问题，随着人们对水环境生态的重视而日益凸显，其控制策略从形成到实践也经历了一个漫长的过程。

德国水、污水和废弃物处理协会（DWA）于 1992 年推出《合流制排水系统溢流控制设施设计计算指南》，2020 年又在该指南应用 30 余年所积累的实践经验基础上，重新进行修订和整合，推出最新的雨水处理系列手册（DWA-A/M 102），其最重要的改进就是将以 COD 作为溢流污染控制指标体系，转为以微小颗粒物（粒径为 $0.45 \sim 63 \mu m$ 的可过滤物质）为主的污染控制指标体系。

虽然本指南推出已经超过 30 年，但对当今我国城市黑臭水体整治、合流制排水系统的溢流污染控制仍然有很多的启发和借鉴意义。第一，本指南是在基于对受纳水体水环境容量评估的基础上，建立了以排水分区污染物总量及其系统分配的基本治理策略与框架；第二，对雨水、生活污水、合流污水的入流量和污染物浓度建立了相应的系统控制目标、规划设计原则与控制方法；第三，提供了相关控制设施的具体设计、建设与运行维护的方法，并通过计算实例进一步解析其实际应用。

当今，我国正面临合流制系统污染物控制带来的困扰和挑战，也缺乏这方面的经验，认识上也不统一，想必翻译出版本指南，一定会对我国城市排水专业工作者的研究与借鉴大有裨益。本指南翻译成中文供国内同行学习交流，得到了 DWA 的大力支持，在此也一并表示诚挚的感谢，同时，期待中德两协会间有更多的交流与合作。

中国城镇供水排水协会 会长
2023 年 3 月

目　　录

第1章　适用范围与基本概念

本指南适用于污水处理厂所对应排水分区中的合流制排水系统的溢流控制设施设计和计算，并取代原 1977 年 1 月版 ATV-A 128。

本指南中合流制溢流控制设施指合流制溢流排入水体前的控制设施，例如：雨季溢流井、雨季溢流调蓄池、调蓄管涵等。

雨水调节池的设计计算详见 ATV-A 117。

雨水沉淀池是指处理分流制系统雨水径流的设施，本指南中不包括其设计内容，其设计计算详见 ATV-KA（Korrespondenz Abwasser）1980 年第一期。

第 2 章　雨季处理的目标

从水务管理的可行性、经济性角度来讲，污水收集和雨季处理系统设计的首要任务应该是尽可能减少排水系统的雨季入流。针对合流制排水系统中已经混入雨水的合流污水，在技术可行、经济合理的情况下，应采取溢流控制措施，实现对污染物的控制。

由于雨水径流的污染物浓度有时较高，任其排放至水体可能造成严重的水体污染。尽管雨水排放的历时短，但产生的污染物总量可达污水处理厂出水的数倍。因此，雨季溢流控制原则上要在保障污水处理厂出水达标的同时，通过限制进入污水处理厂的雨季入流流量，控制间歇性的雨季排放对受纳水体的污染。而雨季排放控制的目标则是最大限度地减少雨季排水系统溢流的污染物总量，从而确保溢流排放与污水处理厂排放的负荷总量控制在水环境系统管理要求的限值内。按照本指南对雨季溢流进行必要的处理和控制，能够有效地保护水体和保障污水处理厂的正常运行，避免污染物排放总量超标。

2.1　基本原则

合流制雨季溢流的控制目标可通过多种方法实现，包括减少雨季入流量、控制污染物等。值得注意的是，雨季溢流控制应对污水处理厂以及受纳水体（河道或湖泊）所对应的完整排水分区进行系统评估。对污水处理厂、溢流控制措施的控制要求，则必须与受纳水体的综合管理要求相匹配。

对于溢流水量和水质的评估，应综合考虑区域性条件和当地管网的特征，如：降雨量、排水系统的汇流时间、坡度、合流制管网调蓄能力、污染负荷、排水分区内分流制片区的情况等。

2.2　设计方法

本指南中计算的假定条件为：①排水系统已经尽可能减少了入流水量（如外水等）；②未经排口排放的污水量与控制设施的进水量相同。在该假定条件下，雨季处理的控制效果不仅取决于有效调蓄容积，也与系统布局、设施设计和设备运行管理直接相关。

本指南中，雨季控制目标的计算和验证包括如下两种方法：

——采用图表法进行简化计算（见第 8.1 节）；

——以污染负荷总量为基础进行验证（见第 8.2 节）。

如果污染控制目标、设施布置、工艺设计、规模设计与运行管理要求均符合本指南要求，即认为可达到控制目标。

第3章　雨季处理要求

根据不同受纳水体的具体情况，本指南分为两类技术要求，即常规要求和根据受纳水体水质制定的超常规要求。

其中，常规要求是强制性的技术要求，以控制污染物排放为基础。超常规要求则应根据受纳水体的水质确定。

应根据实际实施条件确定具体执行的技术要求。对于有多个溢流排口或污水处理设施出水排口的受纳水体（湖泊、河道或水系），制定技术要求时既要考虑排口、处理设施等单一构筑物的控制要求，也要考虑整个排水分区的控制要求，并综合相关水体的管理目标确认最终的控制要求。

3.1　常规要求

一般情况下，常规要求完全从控制污染物排放的角度出发，不考虑当地受纳水体的水质控制要求。对于没有特殊保护和管理要求的受纳水体，一般可以直接使用常规要求。本指南中的常规要求与上一版 ATV-A 128 标准一致。对不适用于本标准的个别情况，需单独论证。

雨季排放至地表水体的污染负荷，由其污染物、有害物质的类型、浓度、溢流量、溢流持续时间和溢流频率等因素决定。为表征污染特征，一般以年均化学需氧量（COD, Chemical Oxygen Demand）的排放总量作为常规指标。值得注意的是，年污染负荷排放总量（以 COD 计）作为雨季排口污染程度的表征指标，同时作为溢流控制设计计算和负荷校验的基础，是指多年平均降雨总量下排放到受纳水体的负荷总量，是一个理论计算值。它由两部分污染负荷组成，一部分是合流制溢流排放的年污染物总量，另一部分是合流污水进入污水处理厂处理后仍随尾水排放的年污染物总量。上述污染负荷均采用雨季和旱季的平均污染物浓度进行计算。在对可能发生溢流的雨季溢流排口进行评估时，应进一步评估年溢流量比例、溢流频率和溢流持续时间等详细内容。由于影响合流污水中污染物浓度的多种因素间的相互作用过于复杂（例如：地表水和排水管网系统中污染物的累积和转输规律非常复杂），基于目前的科技发展水平，尚无法预测单场降雨中合流污水实际的污染物浓度，但可以通过建立基本的物质平衡关系来描述年污染负荷的变化趋势。在本指南中，就是通过计算雨季和旱季的平均污染物浓度建立基本的物质平衡。

基于上述条件，本指南根据德国的平均污染物浓度定义了"污染物浓度参考值"，用于合流制排水系统中所需调蓄容积的计算。在现有知识水平下，基于这些参考值所计算的调蓄容积，在一般条件下可对水体起到基本有效的污染防治作用。如果实际污染浓度与参考值有所偏差，应相应增大或减小调蓄容积。在具体项目中应用时，应根据当地情况适当调整调蓄容积，保证受纳水体的实际污染负荷总量不高于理论平均值。

污染物浓度参考值如下：

——平均年降雨总量 800mm；

——雨水径流中的 COD 浓度 107mg/L；

——旱季污水中的 COD 浓度 600mg/L；

——降雨时污水处理厂出流的 COD 浓度 70mg/L。

出现与污染物浓度参考值存在偏差的情况时，调整调蓄容积的方法如下：

——多年平均降雨总量是具有明显区域特征的参数，对雨季污染负荷和溢流事件有较大影响。一般情况下，年平均降雨总量越大，给河流和湖泊带来的污染负荷也就越大。因此，降雨总量增加，所需调蓄容积也要相应增加。

——旱季污水 COD 浓度 600mg/L 是一个理论值。在根据第 7 章提供的方法确定最小调蓄容积时，所应用 COD 浓度不应低于此值。即当污水中 COD 的实际浓度小于 600mg/L 时，所需调蓄容积仍应依据 COD 浓度为 600mg/L 计算，这样计算得出的调蓄容积不会过小；当旱季污水 COD 的实际浓度大于 600mg/L 时，则应依据实际浓度计算调蓄容积，以确保调蓄容积足够大（高污染附加容积）。

——尽管污水处理厂出水的污染物浓度有可能逐年变化或在更长周期内起伏，但为了能够在长期规划中确定溢流控制设施规模，仍然需要确定一个理论上比较稳定的污水处理厂出水 COD 浓度值。假设雨天时污水处理厂出水仍然有残留的污染物，本指南设定污水处理厂出水的 COD 平均浓度值为 70mg/L。在计算所需调蓄容积时，实测出水 COD 浓度值即使与该数值不同，也不以实测值作为计算依据。

合流制排水系统所需调蓄总容积应基于当地实际参数进行计算（见第 7 章）。第 8 章介绍了简化的容积分配方法，描述如何将总调蓄容积分解到排水系统中。只要实地情况符合简化的容积分配方法的适用条件，则无需再对溢流污染负荷总量（以 COD 计）进行验证。反之，则必须通过计算年溢流污染负荷总量（以 COD 计）进行验证。

综上所述，污染负荷总量仅用作调蓄总容积和分解容积理论计算的依据。如果需要验证本地条件下简化的污染负荷计算值与实际情况的偏差，可以通过污染物 EDV 模型进行验证（见第 8.2 节）。将计算值与实测值进行对比，可为实际操作提供参考。

3.2 超常规要求

如果项目所在区域具有特定的保护或管理要求，可根据受纳水体可承受的污染负荷倒推，制定超常规要求。本指南不包括该类型要求，相关内容详见附录 1。

3.3 受纳水体的全面评估

为全面评估雨季溢流排口的设置条件，需充分了解相关的河流、湖泊等受纳水体的真实状况和系统关系，尤其是对于临近空间内有多处相邻排口的水体或河段。同时，应考虑水体的自净能力。应基于受纳水体具体特征及单个溢流控制设施排放要求，将污染负荷许可总量合理分配给每个排口。单个溢流控制设施的设计和计算规程，详见第 9 章和第 10 章。

为满足本指南排放目标要求，必须综合考虑受纳水体对污染负荷的承受能力与其他法律法规对溢流控制设施的排放控制要求，再对设计目标进行系统的评估和优化。同时，在评估雨季溢流排放的污染负荷时，也需将污水处理厂雨季出水的污染负荷考虑在内。

3.3.1　流域内统一控制要求

如流域内主要受纳水体和与其关联的子流域水体具有相同的管理要求，则排水分区内的所有溢流控制设施都可执行统一的设计标准。

3.3.2　流域内不同控制要求

如流域内不同受纳水体和与其关联的子流域水体具有不同的控制要求，则排水分区内的所有排口应以最终受纳水体的控制要求为目标确定控制要求。如果子流域水体的控制要求高于主要受纳水体的控制要求，则应将合流制溢流排口从子流域水体迁移到对污染影响不敏感的主要受纳水体。针对子流域内敏感的受纳水体，应结合流域系统关系，以其自身的控制要求为准组织管理。

如流域内水体彼此之间不连通，且具有不同的控制要求，则每个水体（如河流和与其不连通的湖泊）均应被视作独立的受纳水体，单独制定相关控制要求。

第4章 设计原则

本章内容为各类合流制溢流控制设施的总体介绍。这些溢流控制设施的设计条件符合下列情况。

居住区的各类污水、农业生产和大气（降尘）所形成的面源污染，直接决定了河流和湖泊等受纳水体的水质。其中，居住区的污染负荷来源主要包括以下几个方面：

——分流制系统中排放的雨水径流；

——合流制系统的溢流污水；

——污水处理厂出水。

4.1 入流减量

原则上，优先减少雨水和污水的排放量，已经证明能够降低合流制系统所需处理设施的建设和运行成本。必要且有效的技术方法包括减少雨水入流量、污水排放量和外水。

4.1.1 雨水

雨水入流量主要来自排水分区内不透水下垫面产生的径流。如下措施可以减少雨水径流进入管网系统：

——将未受污染、无害的雨水径流直接下渗（如依据 ATV-A 138）；

——将受到轻度污染的屋面和路面雨水直接分流排入受纳水体。受到重度污染的路面、工业区或其他重度污染下垫面所产生的雨水径流，在任何情况下都应排入分流制污水管网或合流制管网，或进行必要的处理后再排放；

——避免透水下垫面的雨水形成径流进入排水管网系统；

——雨水利用。

除直接减少雨水入流量外，以下措施可减少雨水径流的污染负荷：

——日常清扫街道。由于污染物大多数附着在细微颗粒物上，因此使用清扫车辆清扫街道对污染物的去除效果有限；

——消除排水分区内的重度污染源；

——采用截污功能较强的道路排水渠（干沟或水渠）；

——日常清理排水管网；

——采用辅助冲洗设备。

4.1.2　生活污水和工业废水

减少生活污水和工业废水排放量是为了降低雨水对合流制系统的污水处理厂处理工艺的影响，例如，降雨时污水处理厂进水浓度忽然提高或管道内沉积物对污水处理厂产生的冲击负荷。比较有效的污水减量措施如下：

——采用节水技术；

——工业生产中的循环水利用。

4.1.3　外水

本指南中假设排水管网的外水水量已尽可能降至最低。如不满足该条件，则需要设计更大的调蓄容积。减少排水管网外水的措施如下：

——分离非法接入分流制污水管网或合流制管网的排水管道和雨水渗管；

——修复渗漏的排水管渠；

——避免管线错接乱接；

——避免河水和湖水倒灌进入排水管网。

4.2　合流制排水系统中的雨季控制措施

合流制排水系统中的雨季溢流控制措施如下：

——在转输过程中对合流污水进行调蓄，并在雨后送入污水处理厂处理；

　　——调整排水系统各部分的雨季入流量；

　　——排入受纳水体前，在排口进行水质净化处理。

4.2.1　调蓄合流污水

　　合流污水可利用排水管网的临时存储能力进行调蓄。为便于建设和运行，也可设置专门的存储设施，以实现调蓄的目的。主要设施包括：

　　——雨季溢流调蓄池或调蓄管涵；

　　——雨水调节池（见 ATV-A 117）；

　　——有针对性地利用管涵进行调蓄（例如抬高溢流堰堰高或采用限流设施等措施，见 1985 年"ATV 1.2.4 工作组报告"）。

　　除上述措施外，也可利用例如停车场、平屋顶等空间调蓄雨水或者减少管网入流点等措施，在地面实现临时调蓄，减少径流进入管网系统。但这些措施的适用范围比较有限，一般只在某些特定情况下设计使用。

4.2.2　调整排水系统各部分的雨季入流量

　　为了充分利用各管段的调蓄能力，可通过改造排水管网来调整雨季入流量。结合流量控制措施，最大限度地利用和优化现有排水系统。同时，改造应能优化溢流设施的各项排放指标，例如溢流量、溢流时长及溢流频率等。此外，调整雨季流量等措施应符合不同受纳水体的控制要求。

4.2.3　水质净化处理措施

　　污水处理设施一般需要比较稳定的进水浓度。合流制系统的污水量和污染物浓度变化很大，因此现有污水处理厂的处理工艺和经验不适用于直接处理雨季合流污水。雨季合流污水处理应遵循如下原则：

　　——通过物理沉淀作用去除污染物（例如，本指南中所述的部分调蓄池内可实现该功能）；

——利用流体的不同密度分离污染物；

——通过离心旋流作用分离污染物；

——利用粗格栅、细格栅筛除，絮凝沉淀等工艺；

——通过渗滤设施过滤合流污水（例如生态滤池等）。

悬浮物质可以通过浮动或固定的浮渣拦截设施去除。格栅和滤网可在溢流时提高粗颗粒悬浮物的去除效率。

上述处理设施需定期进行日常维护和检查。

在设计上述处理设施前，应先对其经济可行性和是否满足水体保护要求进行论证，以决定是采用集中式的污水处理设施，还是采用分布于排水分区各处的分散式污水处理设施。

当发生有害废水进入管网的事故时，污水处理厂附近的雨水调蓄池可作为有害废水的临时存储设施使用，以保护污水处理厂的运行。在特殊情况下，散布于管网各处的雨水调蓄池也可以起到相同作用。但该用途必须得到相关水务负责部门的提前确认。

4.3　溢流控制设施

雨季处理设施的控制效果，不仅取决于溢流调蓄设施的规模，还在很大程度上取决于溢流排放设施和调蓄设施在管网系统中的布局及其构造工艺。举例来说，为了保证污水处理厂生物处理工艺的稳定运行，溢流经过一级处理（一般称之为经过处理的溢流），仍然不允许排入污水处理厂的生物处理流程。溢流控制设施相关建设内容详见第 10 章。

溢流堰应当高于受纳水体的设计洪水位，其最低设计标准应与受纳水体的十年一遇洪水位相匹配。在相应降雨重现期下，应保证溢流堰不会造成管渠内壅水。

4.3.1　雨季溢流井

设置雨季溢流井可有效降低管网内的合流污水峰值流量（图 4.1）。设置该设施前，应确定合流制排水系统在满管条件下具备充足的截流能力（达到合流污水设计流量 Q_{crit}），且下游调蓄设施能够有效处理、处置雨季合流污水。雨季溢流井应尽量设置在流域中受合流污水污染最小的区域。同时，建设用地需要有充足的扩建空间，以备后期增加管网收水范围时能够建设调蓄池或其他必要的系统扩建工程。

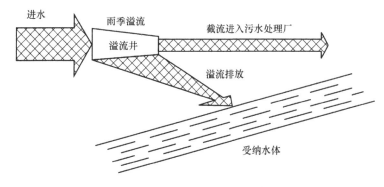

图 4.1　雨季溢流井原理示意

根据第 9 章所述，当发生如下情况时，不允许通过雨季溢流井组织排放：①商业区和工业区污水的污染程度明显高于一般生活污水时，不能通过雨季溢流井排放合流污水；②当雨季溢流调蓄池排空的合流污水排放到管网系统，且合流污水无法确保稀释至规定的排放浓度以内时（见第 9.1 节），不能通过雨季溢流井排放合流污水。

应注意的是，如果雨季溢流井的上游是分流制排水系统中的污水管网，合流污水溢流也应符合最小稀释倍数要求（见第 9 章）。

当几乎没有或只有少量溢流时，应尽量取消该雨季溢流井。若无法取消雨季溢流井，应至少保证在降雨强度超过 $15L/(s \cdot hm^2)$ 时才发生溢流。

本指南中，紧急溢流通道与雨季溢流井有所不同，但在使用负荷验证法时需要考虑紧急溢流通道排放的污染负荷。

4.3.2　雨季溢流调蓄池

雨季溢流调蓄池的选址应综合考虑水务管理和经济性的要求。雨季溢流调蓄池设置在沉积较为严重的管段或排水分区的下游时，最能发挥其效能。图 4.2 为排水管道管径和管段坡度与发生沉积现象之间关系的示意图。

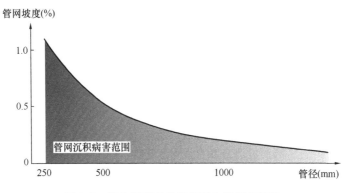

图 4.2 发生沉积现象的管径和坡度相关性

如果排水管道管径和坡度在图 4.2 曲线的下方，则必须计算沉积物的影响。如图 4.2 所示，排水管道中污水流速越低，旱季流量越少，则沉积现象越严重。管道沉积物造成的影响可通过调整系数（a_a）体现（见第 7.1.3 节）。

4.3.2.1 初期雨水调蓄池

初期雨水调蓄池应设置在具有明显初期冲刷现象的区域。初期冲刷现象通常发生在汇流时间较短的小排水分区中。该类型调蓄池主要存储有初期冲刷现象的排水系统中降雨初期的合流污水。溢流的合流污水不能流经该调蓄池，调蓄池内调蓄的合流污水必须经污水处理厂的生物处理（二级处理）后方可排放。

初期雨水调蓄池应设置于不会在进入调蓄池前发生溢流的排水分区内，且排水分区的汇流时间不应超过 15～20min。如果在初期雨水调蓄池上游仍存在雨季溢流排口，则应计算调蓄池对应的完整排水分区的总汇流时间，而不能仅计算雨季溢流排口下游排水系统的汇流时间。

4.3.2.2 过流池

排水分区面积越大，管网中污染物的初期冲刷现象越不明显，应设置过流池对合流污水进行物理处理。与初期雨水调蓄池不同，过流池内包含溢流处理设施。当合流污水充满池体后，溢流处理设

13

施开始运行，将合流污水通过物理方式净化后排至受纳水体。为了限制最大过流流量，通常在过流池上游同时设置一个调蓄池溢流通道（见第 9.2 节）。在池体充满前，过流池相当于一个存储空间；充满后，则相当于一个带有沉淀作用的过流空间，使部分合流污水可以经过处理后排入受纳水体。在降雨事件结束后，水池内存储的污水也必须送至污水处理厂，经过生物处理（二级处理）后方可排放。

如下情况可采用过流池：

——径流进入管网后到过流池的汇流时间超过 15～20min，或者不存在明显初期冲刷现象的排水系统；

——其他雨季溢流井或雨季溢流调蓄池应设置在过流池前，以保障过流池的处理流量；

——受特殊情况影响，调蓄池的入流量连续数天超过允许的最大截流量（如管网外水或融雪变化的影响）。

4.3.2.3 复合池

当排水分区存在初期冲刷现象（例如，部分子排水分区具有初期冲刷现象），而管道污染物浓度却比较稳定时，可设置复合池。复合池结合了初期雨水调蓄池和过流池的特点，既包括调蓄单元，也包括处理单元。流入的合流污水首先存储在调蓄单元中，该单元类似于初期雨水调蓄池。当调蓄单元蓄满后，合流污水流入处理单元，通过近似过流的工艺处理后排放。复合池应设置在初期雨水调蓄池排水分区和过流池排水分区之间的过渡排水分区内，或者设置于汇流时间较长但存在初期冲刷现象的排水分区内。复合池的设计规模应当同时满足初期雨水调蓄池和过流池的设计要求。

主要优点：

——同时实现初期雨水存储和合流污水处理两种功能；

——能够选择存储水量和过流处理水量的比例；

——通过池内空间的合理分区，能够降低部分调蓄单元的蓄水频率，从而显著减少过流处理单元的运行维护。

主要缺点：

——与过流池相比，处理能力相对较弱；

——建设和运行成本较高。

4.3.2.4 调蓄管涵

在使用管涵进行调蓄时,其溢流设施设置在不同位置会产生不同的控制效果。靠近上游设置溢流设施的调蓄管涵(以下简称"前端溢流调蓄管涵,SSCTO")(图 4.3),其作用相当于在线调蓄的初期雨水调蓄池。靠近下游设置溢流设施的调蓄管涵(以下简称"后端溢流调蓄管涵,SSCBO")(图 4.4),其运行原理更接近于取消了调蓄池溢流通道的在线过流池。本指南中,上述两种调蓄管涵的设计计算和初期雨水调蓄池、过流池相同。

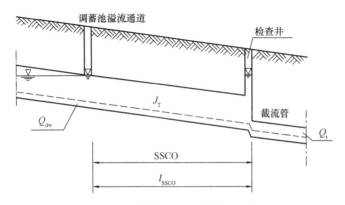

图 4.3 前端溢流调蓄管涵示意

注: J_T—管网坡度; Q_{dw}—旱季污水流量; Q_t—截流流量;
SSCO—调蓄管涵; l_{SSCO}—调蓄段长度;后图同此。

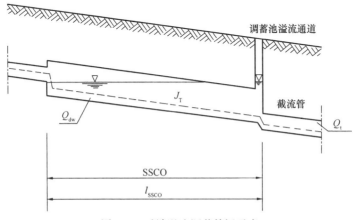

图 4.4 后端溢流调蓄管涵示意

主要优点：

——除管涵外无需建设其他构筑物；

——可利用管道坡度重力排空。

主要缺点：

——容易形成沉积；

——后端溢流调蓄管涵所需的建设空间要大于具有相同功能的过流池；

——后端溢流调蓄管涵发生溢流时，部分沉积物会被冲刷出来，排入受纳水体。

使用该类调蓄方法应注意以下使用条件：①需要形成充足的冲刷力来避免管底沉积或及时清除沉积物；②可设置底泥冲洗装置，尽可能减少管底底泥沉积；③应确保不会造成有害的壅水影响。

后端溢流调蓄管涵的应用一般不如前端溢流调蓄管涵广泛。这是因为，暴雨时随着持续降雨，雨水径流污染所带来的初期高浓度合流污水会被后期浓度较低的合流污水"推出"管涵，排放至水体。因此，相对前端溢流调蓄管涵，后端溢流调蓄管涵实现相同的污染控制效果一般需要更大的调蓄容积。

4.3.2.5 在线调蓄和离线调蓄

初期雨水调蓄池（STRFF）、过流池（STOSC）、复合池和调蓄管涵都可以选择在线调蓄或离线调蓄模式（图 4.5～图 4.10）。在线调蓄模式中，合流污水通过调蓄设施后再排入污水处理厂。而在离线调蓄模式中，日常的合流污水则不接入调蓄设施，直接排入

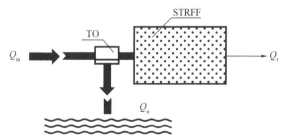

图 4.5　在线调蓄模式的初期雨水调蓄池

注：TO—调蓄池溢流通道；Q_{in}—进水流量；Q_o—溢流流量；后图同此。

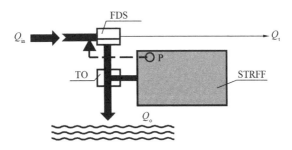

图4.6　离线调蓄模式的初期雨水调蓄池

注：FDS—截流井；P—排空泵；后图同此。

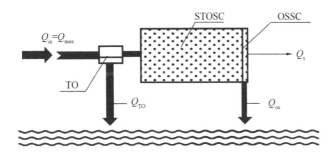

图4.7　在线调蓄模式的过流池

注：OSSC—过流池过流排放通道；Q_{os}—过流池排放流量；
Q_{TO}—调蓄池溢流量；后图同此。

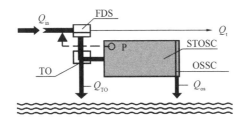

图4.8　离线调蓄模式的过流池

污水处理厂。而且在离线模式中，可根据控制要求，通过限流装置清空调蓄设施。

雨季溢流调蓄池应根据当地的竖向条件和地形特征，选择在线

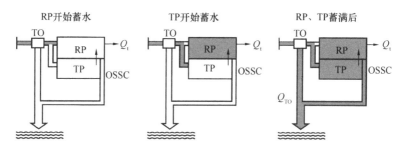

图 4.9　在线调蓄模式的复合池

注：RP—调蓄单元；TP—处理单元；后图同此。

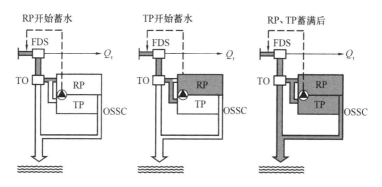

图 4.10　离线调蓄模式的复合池

或离线调蓄模式。如果调蓄设施的入流管和出流管之间高差较小，必须采用泵来排空，则离线的布置方式比较有利。不过，与在线调蓄模式相比，离线调蓄模式需要建设更多的连接管道，以及额外的分流设施。

如果入流管和出流管之间有充足的高差，且场地空间受限，则适合采用在线调蓄模式，这样在运行和建设上都有优势。

过流池应尽可能采用离线调蓄模式，这样可以使进出调蓄池的合流污水保持较低的浓度。其原因在于，在降雨事件的开始和结束时段，雨水径流较少，与旱季污水混合只有轻微的稀释作用，这部分合流污水对比降雨中期的合流污水，其污染更为严重。而如果采用离线调蓄模式，这部分高浓度合流污水绝大多数都会通过截流设施送入污水处理厂，而不用接入调蓄池。因此，相比在线调蓄模式，离线调蓄模式下的溢流污染负荷排放总量总体来说较低。

如果调蓄设施中已存储的合流污水在降雨结束后不能立即排空并送至污水处理厂处理，而只是在远期规划中考虑建设排空设施，则应采用离线调蓄模式。这样做可以避免存储的合流污水与旱季污水混合形成高浓度的合流污水后随着下一场降雨溢流排放到受纳水体中。

4.3.3 多个溢流调蓄设施的系统布置

一般而言，对于像单个居住区或相邻几个居住区这样的子排水分区比较独立的系统，应优先设置雨季溢流调蓄池。调蓄池选址应考虑其流量控制和达标排放的技术可行性及经济性。同时，调蓄池排放至污水处理厂的流量不得超过污水处理厂允许的峰值流量。

对于面积较大的排水分区，可以划分为若干子排水分区，将多个雨季溢流调蓄池以并联或串联方式组合使用。

4.3.3.1 并联系统布局

如果在一个完整的排水分区内的每个子排水分区末端都设置调蓄池，并且调蓄池间没有连接，可称之为并联方式。在这种情况下，初期雨水调蓄池、过流池、复合池等调蓄设施既可以选择在线调蓄模式，也可以选择离线调蓄模式。

如果各个子排水分区内的调蓄设施的规模与污水处理厂的截流和处理能力相匹配，则采用并联的调蓄系统［图 4.11（a）］更有利于水体保护。具备类似旋流分离功能的合流污水处理设施只有在并联系统中才能发挥作用，将已经分离的沉积物和漂浮物直接送入污水处理厂，而不会因为系统串联进入下一级的溢流控制设施内。

主要优点：

——调蓄设施存储的合流污水可以全部输送至污水处理厂处理；

——调蓄池之间不会相互影响；

——调蓄池可选类型较多；

——水力条件清晰，规模计算简单。

主要缺点：

——由于需要为每个子排水分区单独修建接入污水处理厂的截流和收集系统，通常建设成本较高。

4.3.3.2 串联系统布局

在串联调蓄系统中［图 4.11（b）］，经上游调蓄设施处理过的污染物会再次与雨水径流混合，并可能通过下游调蓄设施溢流排放。

原则上，在串联的溢流控制系统中，应将主干管沿线各节点的截流规模沿水流方向逐步加大，以此保障上游调蓄设施内的存水在排往污水处理厂时，不会进入下游调蓄设施而被直接溢流排放。

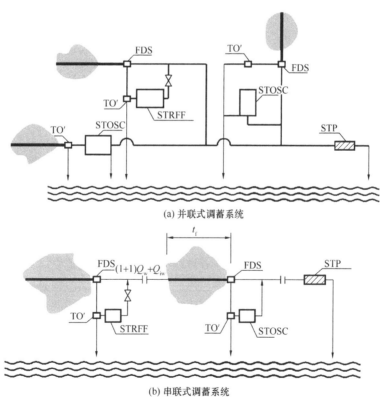

(a) 并联式调蓄系统

(b) 串联式调蓄系统

图 4.11 并联式及串联式调蓄系统功能示意

注：TO′—溢流井；STP—污水处理厂；t_f—汇流时间

应该注意的是，采用该运行方式的前提是排水系统各单元的高效运行，以及设施设备的专业化维护。

监测设备和控制系统的设计安装，应具体分析实地管理目标与运行成本及设备维护投入的关系后再作决策。在简化容积分配法计算中，如果没有设计控制设施，随着汇流时间的延长，通常串联的下游调蓄设施的单位面积设计调蓄容积也相应增大。考虑到长期发展和控制需求，应在规划中顾及将来设备改造时增设控制系统的可能性。

4.3.4 雨水调节池

在合流制管网的输送能力无法截流降雨峰值流量，且合流制系统不允许发生溢流的情况下，则应设置雨水调节池（SHT）。根据第 6 章的设计要求（见第 6.3.2 节），雨水调节池应在单位面积雨水入流流量（q_r）超过 $5L/(s \cdot hm^2)$ 时调节管网流量，避免对下游雨季溢流排放设施造成显著影响。基于上述情况，溢流排放设施的规模计算不但要覆盖雨水调节池所在的整个排水分区，还应包括其上游排水分区。

当单个雨水调节池对应排水分区的单位面积雨水入流流量虽然低于 $5L/(s \cdot hm^2)$，但已经超过污水处理厂的雨季接收能力时，由于雨水调节池排空需要较长时间，也会对下游溢流排口产生不利影响。

第5章 规划

溢流控制设施的规划实施应依据 ATV-A 101 标准，调研如下方面数据以确定方案：①排水系统现状；②相关规划条件。

对现有管网改造项目，需充分考虑规划条件和真实情况；对于新规划项目，应以规划条件为准。此外，项目设计应全面调研污水处理厂对应排水分区的基本情况（通过查阅排水规划等方式）。对于整体排水系统改造项目，在必要时还应调研不同时期的相关规划条件。

5.1 现状调查

为了确定规划工作内容和准确描述设计条件，必须明确排水分区边界，并全面了解该排水分区诸如水环境管理的基本条件和强制性要求等具体情况。尤其对于合流制排水系统，还需调研污水处理厂与雨水处理设施的综合处理效果，并确定污水处理厂的处理能力和效率。

现状调研内容主要包括服务人口、汇水面积、硬化面比例、旱季污水量、受纳水体等方面的基本信息，还涵盖对现有管网系统和污水处理厂运行效率的评估。

此外，现状调研还应收集旱季水量以及污水处理厂全年进水流量的实测数据。旱季水量监测结果应与供水量数据进行对比和校对。

5.2 规划条件调查

为明确设计目标的规划设计条件，需重点调查以下内容：①城镇发展规划；②区域用地与开发计划；③建设用地规划；④其他相关基础设施的总体性规划。

排水管网和污水处理厂设计所需的相关数据可基于现有数据进行推算。

5.3　规划年限

通常规划年限如下：

——管网系统：50～100 年；

——污水处理厂：15～25 年。

由于污水处理厂应满足溢流控制设施所有截流水量进行全流程处理的要求（包括生物处理阶段），因此溢流控制设施的规划必须考虑能与污水处理厂改扩建时的运行状态相匹配。这就意味着，溢流控制设施的规划年限应与污水处理厂的规划年限一致，为 15～25 年。

此外，溢流控制设施的规划设计还应满足管网系统远期规划的要求，例如，为今后更大的调蓄容积需求预留足够的建设场地。

5.4　标准方案和备选方案调研

在评估既有设施时，必须根据使用时间、运行时长、运行参数、运行经验及由此得出的对于运行问题的认识来制定相应的管理目标（包括水务管理、运营及成本控制等）。其中尤其重要的是，需确认和评估设施目前的运行负荷及其可挖掘的潜力。

备选方案调研中采用的评判标准与标准调研类似。但区别在于，需要根据不同的目标进行各种备选方案或替代方案的调研。备选方案调研可通过成本分析来优化调研成果。

此外，还应评估所规划的措施的可行性。在分阶段建设期间，应进行中期评估以及时调整工作优先级别。

第6章 基础计算依据

对于合流制排水系统，必须以污水处理厂对应完整排水分区为计算单元，并根据本指南中的方法计算合流制系统的雨季调蓄容积，即总调蓄容积。后期分配各个子排水系统的调蓄容积时，无论是采用简化的"容积分配法"（见第8.1节），还是采用更为详细的"负荷验证法"（见第8.2节），都需预先计算总调蓄容积。

本章将定义和阐述计算总调蓄容积所需的初始参数，以及由这些参数推导出的计算值。

6.1 排水分区

6.1.1 年降雨总量

合流制系统的年总溢流时间与年降雨总量（h_{pr}）（见《德国气象服务年鉴》）直接相关。随着降雨量增大，溢流持续时间变长，更多的合流污水会直接排放至受纳水体。年降雨总量以 mm 为单位，详见第7.1.2节。

6.1.2 汇水面积和不透水面积

汇水面积（A_{CA}）是指管网系统理论的或者实际覆盖的排水分区总面积，包括硬化面积（A_{red}）和非硬化面积（$A_{CA}-A_{red}$）。不同的硬化面积可以通过产汇流模型（计算机辅助运算模型，以下简称"EDV 模型"）中的不同径流损失定义其特征。在合流制管网系统计算中，将年降雨总量扣除径流损失量，就得到了进入合流制排水系统的雨季入流量。参照式（6.1）计算所得到不透水面积（A_{is}）即作为排水分区代表性的汇水面积，在设计计算中使用。

$$A_{is} = VQ_r/(10 \cdot h_{Pr,eff}) \tag{6.1}$$

式中，A_{is}——不透水面积，hm^2；

$\quad VQ_r$——进入合流制系统的年径流总量，m^3；

$\quad h_{Pr,eff}$——有效年降雨总量（年降雨总量减去径流损失量后得到的有效降雨总量），mm。

在计算汇水面积时，分流制排水分区不计入合流制系统的汇水面积，而雨水径流组织下渗的合流制排水分区，只计入雨水径流进入管网的下垫面面积。一般情况下，也不包括排水系统收水范围外的下垫面，以及区域内没有被硬化的下垫面。因此，合流制排水分区内参与计算的不透水面积，一般明显小于硬化面积。

在无法进行前期计算和监测时，则认为硬化面积与不透水面积相当，即

$$A_{is} = A_{red} \qquad (6.2)$$

6.1.3 汇流时间

合流制管网中入流量曲线的变化剧烈与否与峰值汇集的时间相关，而会发生溢流的管网的集流时间很难准确确定。但鉴于集流时间对年径流污染负荷总量计算的影响很小，可以汇流时间替代集流时间参与计算。管网中汇流时间应选用排水管网中最长的排水路径，并以管网满流状态下的流速进行计算，或采用排水路径远端到终点的流量曲线峰值出现的时间差作为汇流时间。相隔较远的独立排水分区对合流污水流量过程的影响很小，计算时一般忽略不计。

6.1.4 排水分区平均坡度分组

ATV-A 118《污水、雨水和合流污水管网的水力计算导则》将排水分区的坡度（SG_m）分为四组（表6.1）：

排水分区坡度分组   表6.1

排水分区坡度组别	排水分区平均坡度
1	$J_T < 1\%$
2	$1\% \leqslant J_T \leqslant 4\%$
3	$4\% < J_T \leqslant 10\%$
4	$J_T > 10\%$

基于上述分类，可根据式（6.3）计算整个排水分区的平均坡度：

$$SG_m = \Sigma(A_{CA,i} \cdot SG_i) / \Sigma A_{CA,i} \tag{6.3}$$

式中，$A_{CA,i}$——各子排水分区的汇水面积，hm^2；

SG_i——各子排水分区的坡度分组（从第 1 组到第 4 组）。

6.2 入流量计算

6.2.1 进厂合流污水流量

合流污水流量（Q_{cw}）是旱季污水流量（Q_w）与雨水径流流量（Q_r）之和。在本指南中，进厂合流污水流量一般不小于 2 倍旱季污水高时流量与旱季日均外水流量之和（$2Q_{wx} + Q_{iw24}$，参见 ATV-A 131）。由于进厂合流污水流量一般根据规划年限中的预测用水量取值计算，因此通常与现状污水处理厂的实际进水量有所不同，以下两种情况应予以区分。

（1）如果在可预见的时间内（8～10 年），污水处理厂的生物处理工艺至少能够保持 2 倍旱季污水高时流量加旱季日均外水流量的总处理能力，则雨水调蓄池应匹配现状污水处理厂的处理能力进行设计计算；

（2）如果污水处理厂计划未来进行扩容，则雨水调蓄池应匹配扩容后的污水处理厂的处理能力进行设计计算。

对于接入同一污水处理厂的多个并联的截流式合流制排水分区来说，如果截流到污水处理厂的合流污水总量明显低于生物处理工艺的处理能力，那么子排水分区内的截流流量就可以超过 2 倍旱季污水高时流量加旱季日均外水流量的水量要求。这种情况下，一般需要在例如管网规划设计阶段就通过管网系统模拟等方法进行验证。

6.2.2 日均旱季污水管网流量

对于合流制或者分流制的独立排水分区，理论上的旱季污水流量（Q_w）包括日均居住区（含有少量小型商业区域）污水流量（Q_d）、日均商业污水流量（Q_c）和日均工业废水流量（Q_i）。日均旱季污水管网流量（Q_{dw24}）包括日均旱季污水流量（Q_{w24}）和日均外水流量（Q_{iw24}）。

$$Q_{w24} = Q_{d24} + Q_{c24} + Q_{i24} \qquad (6.4)$$
$$Q_{dw24} = Q_{w24} + Q_{iw24}$$

式中，Q_{d24}——日均生活污水流量，L/s，$Q_{d24} = I \cdot W_s/86400$，其中 I 为居民人口数，W_s 为由年均量推导的人均日用水量；

$\quad Q_{c24}$——日均商业污水流量，L/s；

$\quad Q_{i24}$——日均工业废水流量，L/s；

$\quad Q_{dw24}$——日均旱季污水管网流量，L/s；

$\quad Q_{iw24}$——日均旱季合流制与分流制管网外水流量，L/s。

上述各类旱季污水的年总量，理论上应与污水处理厂旱季污水进水的年总量一致。

其中，服务人口与人均用水量尤其需要基于真实监测数据取值。日均商业污水流量与日均工业废水流量的取值，应在现有数据基础上，充分考虑未来区域发展对处理水量的影响。只有在无法进行全面调查与实测，同时也没有近似排水分区可以作为取值参考依据时，商业或工业区域的日均污水流量才可根据用水量，在 0.2～0.8L/(s·hm²) 区间内取值，结合不透水面积进行计算。

外水的取值原则与上述一致，需要在现有数据基础上根据未来发展的趋势进行评估。需要强调的是，取值应该充分考虑各种降低外水的可能性。如果在污水处理厂前有连续性水量监测，可取旱季夜间的最低流量作为外水水量参考值。如果没有监测数据可用或是无法实测，外水水量可依据地下水条件，以及分流制与合流制的管网状态取值。一般单位面积取值为 0.15L/(s·hm²)，并采用不透水面积进行计算。

注：因为计算中应用的是不透水面积和日均流量，所以各参数取值与 ATV-A 118 标准有所不同。

6.2.3 旱季污水管网高时流量

旱季污水管网高时流量（Q_{dwx}）必须通过准确、连续的流量监测确定，但大部分情况下只有污水处理厂的监测数据可用（见 ATV-A 131）。而一般情况下，子排水分区内相对较高的峰值，会在汇流到污水处理厂的过程中因曲线叠加而趋于平缓。如果没有可用的监测数据，旱季污水高时流量计算方法如下：

$$Q_{wx} = \frac{24}{x} \cdot Q_{d24} + \frac{24}{a_c} \cdot \frac{365}{b_c} \cdot Q_{c24} + \frac{24}{a_i} \cdot \frac{365}{b_i} \cdot Q_{i24} \quad (6.5)$$

$$Q_{dwx} = Q_{wx} + Q_{iw24}$$

式中，　　　Q_{wx}——旱季污水高时流量（见 ATV-A 131），L/s；

Q_{d24}、Q_{c24}、Q_{i24}——详见式（6.4），L/s；

$\quad\quad x$——每日用水小时数（见 ATV-A 118），例如根据不同需求分为 14h、16h 或 18h，h；

$\quad a_c$、a_i——商业、工业排水户每日排水时长（例如每日工作 8h），c 代表商业排水户，i 代表工业排水户，h；

$\quad b_c$、b_i——商业、工业排水户年均生产天数，c 代表商业排水户，i 代表工业排水户，d。

6.2.4 分流制系统污水管网的雨水入流流量

在调蓄设施计算时，即使是分流制排水分区的污水管网，也几乎无法避免雨季入流的发生。因此，需将分流制系统污水管网的雨水入流流量（Q_{rS24}，S 表示分流制排水分区）和旱季平均外水流量都计入整个系统。如果无法监测，则这部分水量在计算中可等值于分流制排水系统中的平均污水流量（Q_{wS24}），如式（6.4）所示。

$$Q_{rS24} = Q_{wS24} \quad\quad (6.6)$$

对于较大的分流制排水分区（如超过 10hm²），推荐在规划前考虑开展雨季入流的实测。

6.2.5 合流制排水分区的进厂雨水入流流量

整个合流制排水分区的进厂雨水入流流量（Q_{r24}）等于进厂合

流污水流量（Q_{cw}）与日均旱季污水流量（Q_{dw24}）、分流制系统污水管网的雨水入流流量（Q_{rS24}）的差值，即

$$Q_{r24} = Q_{cw} - Q_{dw24} - Q_{rS24} \quad (\text{L/s}) \qquad (6.7)$$

在子排水分区的进厂雨水入流流量的计算中，应将进厂合流污水流量（Q_{cw}）替换为截流的污水流量（Q_t），即

$$Q_{r24} = Q_t - Q_{dw24} - Q_{rS24} \quad (\text{L/s}) \qquad (6.8)$$

6.2.6　雨水设计流量

合流制排水分区的雨水设计流量（Q_{rcrit}）计算方法如下：

$$Q_{rcrit} = r_{crit} \cdot A_{is} \quad (\text{L/s}) \qquad (6.9)$$

式中，r_{crit}——单位面积雨水入流设计流量（见第9.1节），L/(s·hm^2)。

随着汇流时间变长，入流流量的曲线也逐渐平稳。这种现象会导致溢流设施的溢流频率、溢流总量，以及总溢流污染负荷降低。因此，应在溢流设施规模计算中充分考虑这些影响（见第9.1节）。

计算过流池设计规模时，单位面积雨水入流设计流量取值不考虑因汇流时间变长而导致流量减小的影响，仍按照原值进行计算。

6.2.7　合流污水设计流量

合流污水设计流量（Q_{crit}）是如下参数之和：①日均旱季污水管网流量；②雨水设计流量；③上游相邻排水分区内的雨季溢流设施及雨季调蓄设施的总截流流量。

$$Q_{crit} = Q_{dw24} + Q_{rcrit} + \Sigma Q_{t,i} \qquad (6.10)$$

式中，Q_{dw24}——完整排水分区的日均旱季污水管网流量（见第6.2.2节），L/s；

　　　　Q_{rcrit}——完整排水分区的雨水设计流量（见第6.2.6节），L/s；

　　　$\Sigma Q_{t,i}$——排水分区相邻的上游排水分区的总截流流量，L/s。

6.2.8　发生溢流时的雨水平均入流流量

用溢流设施全年合流污水溢流总量（VQ_o）除以总溢流时长

（T_o），即可得到该溢流设施对应的雨季平均溢流流量。将截流系统截走的雨水入流流量（Q_{r24}）与雨季平均溢流流量相加，即得到一年中在雨季发生溢流时的雨水平均入流流量（Q_{ro}）。

$$Q_{ro} = VQ_o/(T_o \cdot 3.6) + Q_{r24} \qquad (L/s) \qquad (6.11)$$

式中，VQ_o——当年合流制溢流总量，m^3；

$\qquad T_o$——当年合流制溢流总小时数，h。

当单位面积雨水入流流量（q_r）低于 $2L/(s \cdot hm^2)$ 时，溢流调蓄池发生溢流时的雨水平均入流流量（Q_{ro}）可通过下式计算：

$$Q_{ro} = a_f \cdot (3.0 \cdot A_{is} + 3.2 \cdot Q_{r24}) \qquad (L/s) \qquad (6.12)$$

$$当 t_f \leqslant 30min, a_f = 0.50 + 50/(t_f + 100) \qquad (6.13)$$

$$当 t_f > 30min, a_f = 0.885$$

式中，a_f——基于汇流时间的雨水入流流量调整系数；

$\qquad t_f$——到雨季溢流调蓄池的最长汇流时间，min；

$\qquad A_{is}$——不透水面积（见第 6.1.2 节），hm^2；

$\qquad Q_{r24}$——合流制排水分区的进厂雨水入流流量，L/s。

当单位面积雨水入流流量超过 $2L/(s \cdot hm^2)$ 时，发生溢流时的雨水平均入流流量（Q_{ro}）可通过式（6.11）近似计算，并使用实证法进行验证。

6.3 单位面积排放水量

6.3.1 单位面积旱季污水量

单位面积旱季污水量（q_{dw24}），由旱季平均污水流量（Q_{dw24}，见第 6.2.2 节）除以对应不透水面积（A_{is}，见第 6.1.2 节）计算得出。

$$q_{dw24} = Q_{dw24} / A_{is} \qquad [L/(s \cdot hm^2)] \qquad (6.14)$$

6.3.2 单位面积雨水入流流量

单位面积雨水入流流量（q_r），由合流制排水分区的进厂雨水入流流量（Q_{r24}，见第 6.2.5 节）除以不透水面积计算得出。

$$q_r = Q_{r24} / A_{is} \qquad [\text{L}/(\text{s} \cdot \text{hm}^2)] \qquad (6.15)$$

单位面积雨水设计入流流量有两类：①现状单位面积雨水设计入流流量；②规划单位面积雨水设计入流流量。

如果现状单位面积雨水设计入流流量低于规划单位面积雨水设计入流流量，在个别情况下应考虑是否规划扩建污水处理厂，并采用较小的单位面积雨水入流流量计算调蓄池容积，或考虑暂时观望未来发展趋势，以期更合适的规划方案，参见第6.2.1节对污水处理厂合流污水流量的详述。

6.4 旱季污水污染物浓度

计算污水处理厂全部排水分区的所需调蓄容积前，应确定旱季污水污染物浓度（c_{dw}，以COD计）。旱季污水的COD浓度应根据污水处理厂一级处理工艺前实测的年平均浓度取值。如果只有一级处理工艺后的实测数据，一般来说可以将此浓度乘以1.5倍作为旱季污水浓度。如果无法实测，也可以通过以下公式确定：

$$c_{dw} = (Q_d \cdot c_d + Q_c \cdot c_c + Q_i \cdot c_i)/(Q_d + Q_c + Q_i + Q_{iw24})(\text{mg/L})$$

$$(6.16)$$

此处所指日均污水浓度可通过午均值直接计算得出。值得注意的是，旱季污水浓度既包括旱季污水，也包括外水。对包含高浓度污水排放单位的排水分区（例如，重污染行业所在分区），其溢流排放设施的设计，需要根据各个分区不同的浓度进行计算，不仅需要采用简化容积分配法（见第8.1节），还需要采用实证法进行设计验证（见第8.2节）。

6.5 溢流污水平均雨污混合比例

溢流污水平均雨污混合比例（m），是当年所有溢流排放事件中的雨水平均入流流量（Q_{ro}）与分流制污水管网的平均雨水入流流量（Q_{rS24}）之和，除以同期旱季平均污水管网流量（Q_{dw24}）得到的比值。

31

$$m = (Q_{ro} + Q_{rS24}) / Q_{dw24} \qquad (6.17)$$

式中，Q_{ro}——发生溢流时的雨水平均入流流量（见第 6.2.8 节），
　　　　　L/s；

　　　Q_{rS24}——分流制系统污水管网的雨水入流流量（见第 6.2.4
　　　　　节），L/s；

　　　Q_{dw24}——旱季平均污水管网流量（见第 6.2.2 节），L/s。

第7章　所需总调蓄容积的计算

所需总调蓄容积的计算应涵盖污水处理厂所对应的最末端溢流排放设施上游的完整排水分区。为计算总调蓄容积，需确定对应排水分区的汇流面积、各项流量、汇流时间、污染物浓度和其他排水分区等基本参数。如需验证系统现状，应采用污水处理厂入流实测数据替代理论计算值。

7.1　溢流总量许可排放率的计算

溢流总量许可排放率受众多参数影响。其中起到关键作用的是溢流的合流污水的平均浓度，该浓度由雨污混合比例决定。合流污水的污染浓度越高，受纳水体可接受的溢流量相应越低，这就意味着需要设计更大的调蓄容积。为了确定整个排水分区的溢流总量许可排放率，需要获取排水分区最终截流点相关的全部参数（例如，不透水面积、汇流时间、平均地形坡度等），且必须保证该截流点所截流的全部合流污水都会进入污水处理厂的生物处理流程，不再发生溢流。

对于同一污水处理厂对应的多个排水分区，如果采用并联布局，每个排水分区都截流后一同汇入截流干管，且截流干管不再发生溢流，应分别计算每个排水分区的所需调蓄容积。在上述情况下，每个排水分区末端的溢流井所对应的截流量决定了该排水分区的所需调蓄容积。但前提条件是：所有并联式排水分区的截流总量不超过其所属污水处理厂生物处理阶段的处理能力。

本指南中用于计算合流污水总调蓄容积的污染物浓度如下，详见第3.1节：

$$c_{dw} : c_r : c_{tp} = 600 : 107 : 70 \tag{7.1}$$

式中，c_{dw}——旱季污水的 COD 浓度，mg/L；

c_r——雨水径流的 COD 浓度，mg/L；

c_{tp}——雨季污水处理厂出水的 COD 浓度，mg/L。

以上数据为 24h 取样的多年平均值。

得出上述雨季 COD 平均浓度的基本条件如下：①每公顷不透水面积每年产生污染物量取值为 600kg；②年均降雨量取值为 800mm；③综合径流系数取值 0.70，相当于有 560mm 的有效降水量的雨水径流最终进入管网系统。

综上所述，在发生溢流时，旱季污水浓度、雨水径流污染物浓度、两者水量的混合比例以及管网沉积情况，共同决定了雨季合流污水的污染物浓度（c_{co}）。下面章节就将详细描述这部分计算方法。

7.1.1 污染物浓度调整系数

如果未经处理的旱季污水平均 COD 浓度超过 600mg/L，需相应增加所需调蓄容积。可通过引入污染物浓度调整系数（a_p），调整总调蓄容积，方法如下：

$$c_{dw} < 600\text{mg/L 时，} a_p = 1$$
$$c_{dw} > 600\text{mg/L 时，} a_p = c_{dw}/600$$
(7.2)

式中，c_{dw}——通过测量或由式（6.16）推导得出的旱季污水平均 COD 浓度，mg/L。

7.1.2 年降雨总量调整系数

合流制溢流调蓄池的年均溢流时长与年降雨总量（h_{Pr}）有关（见《德国气象服务年鉴》）。随着降雨量的不断增加，合流污水溢流时间增加，直接排入受纳水体的污染物也就相应增加。为持续控制全年的溢流污染负荷，需要基于多年的年降雨总量统计数据的污染物浓度，计算溢流许可排放率。调整系数（a_h）取值如式（7.3）所示：

当 $600 \leqslant h_{Pr} \leqslant 1000$mm 时，$a_h = h_{Pr}/800 - 1$
当 $h_{Pr} < 600$mm 时，$a_h = -0.25$
当 $h_{Pr} > 1000$mm 时，$a_h = +0.25$
(7.3)

式中，h_{Pr}——当地多年监测的年降雨总量，mm。

一般来说，在年降雨总量大于 1000mm 或者小于 600mm 的情况下，降雨量与溢流时长以及溢流污染负荷的关联关系，不再适用上述调整方法。大部分年降雨总量大于 1000mm 的地区位于山区，这类地区的降雪所贡献的降水量不容忽视，但目前融雪造成的水量模拟仍缺少达成共识的准则。

而对于年降雨总量低于 600mm 的地区，其雨水径流污染浓度可能相比其他区域更高，预计合流污水污染物浓度会随之提升。因此，基于受纳水体水质的要求，不应缩减设计所需总调蓄容积。

7.1.3　管网沉积调整系数

鉴于目前的研究水平还无法对管网沉积物的累积和迁移规律做出精准的定量描述，因此，只能以近似的沉积规律作为参考，通过沉积趋势判断如何调整合流污水的所需总调蓄容积。

子排水分区内几乎所有合流制管网都至少会在夜间发生沉积，特别是在管网起始段和坡度较小的延伸段内。

管网中形成淤积的潜在可能性取决于雨季和旱季管道内水流的冲刷力。流量越小、坡度越平缓，越可能发生淤积。这和污水处理厂所在完整排水分区的总体坡度有关，详见第 6.1.4 节中对管网平均坡度的描述。其中，计算涉及比较重要的影响因素包括单位面积旱季污水量（q_{dw24}，见第 6.3.1 节），以及日均旱季污水管网流量（Q_{dw24}，见第 6.2.2 节）与旱季污水管网高时流量（Q_{dwx}，见第 6.2.3 节）的比值，即峰值调整系数（x_{a}）。

$$x_{\text{a}} = 24 \cdot Q_{\text{dw24}} / Q_{\text{dwx}} \qquad (7.4)$$

管网沉积调整系数（a_{a}）的计算过程详见附录 4，图解法可根据图 7.1 进行推算。采用冲洗设备进行定期管网清理等措施，可以有效减少旱季管网内的沉积物。在这种情况下，可以将调整系数减少，甚至完全归零（即 $a_{\text{a}} = 0$）。

7.1.4　调整后旱季污水设计浓度

一般来说，根据式（7.1），旱季污水 COD 浓度取值为

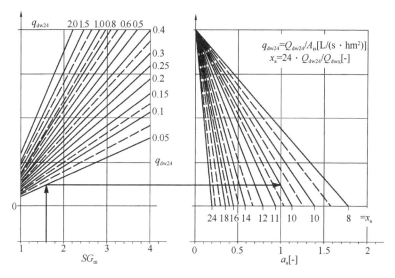

图 7.1 管网沉积影响

600mg/L。如果需要依照项目本地条件选用调整后的污染物浓度（c_{dc}），则需要引入上述三个调整参数来重新计算，即污染物浓度调整系数、年降雨总量调整系数和管网沉积调整系数〔见式（7.5）〕。

$$c_{dc} = 600 \cdot (a_p + a_h + a_a) \quad (\text{mg/L}) \quad (7.5)$$

7.1.5 合流制溢流污水设计浓度

将调整后旱季污水浓度（c_{dc}）、雨水径流污染物浓度（c_r）、溢流污水平均雨污混合比例（m）代入式（7.6-1），可得到合流制溢流污水的设计浓度（c_{cc}）。

$$c_{cc} = (m \cdot c_r + c_{dc})/(m + 1) \quad (\text{mg/L}) \quad (7.6\text{-}1)$$

鉴于调整后的雨季污水浓度（c_{dc}）是根据不透水面积的单位面积年污染物总量（即 600kg/hm²）为基准调整得出的，因此，雨水径流污染物浓度也可参照此方法，以 560mm 的有效年降雨总量作为基准进行调整（见第 7.6 节）。主要调整参数为年降雨总量调整系数（a_h）。

7.1.6 溢流总量许可排放率

根据污染负荷的物质平衡关系，被污水处理厂截流并全流程处理达标后排放的雨水径流的污染物总量（尾水污染物浓度 c_{tp}），与排入受纳水体的合流制溢流污染物总量（溢流污染物浓度 c_{cc}）之和，应不超过全年雨水径流的污染物总量（雨水径流污染物浓度 c_r）。如果以控制雨季溢流污染物排放为目标，溢流总量许可排放率应符合如下公式：

$$PL_o + PL_{tp} \leqslant PL_r$$
$$VQ_r \cdot e_o \cdot c_{cc} + VQ_r \cdot (1 - e_o) \cdot c_{tp} \leqslant VQ_r \cdot c_r \qquad (7.6\text{-}2)$$

式中，PL_o——全年合流制溢流污染物总量，kg；

$\quad\quad PL_{tp}$——全年经污水处理厂处理的雨水径流污染物总量，kg；

$\quad\quad PL_r$——全年雨水径流污染物总量，kg；

$\quad\quad e_o$——年均合流污水溢流总量与年均雨水径流总量的比值，简称溢流总量排放率；

$\quad\quad VQ_r$——年雨水径流总量，m^3。

代入式（7.1）的数值后，可按式（7.7）计算 e_o。

$$e_o - 3700/(c_{cc} - 70) \quad (\%) \qquad (7.7)$$

同时，河湖等受纳水体的枯水期流量，也是确定溢流总量排放率的关键要素。一般来说，受纳水体的枯水期平均流量应至少是旱季污水高时流量的 100 倍。

即 $\qquad\qquad MLWQ/Q_{wx} > 100$

式中，$MLWQ$——受纳水体枯水期平均流量，L/s；

$\quad\quad Q_{wx}$——旱季污水高时流量，L/s。

当该比值在 100～1000 之间时，最大允许溢流排放率可同步乘以 1～1.2 倍，按比例线性增加。

上述溢流总量排放率目标针对年均降雨总量为 800mm 的区域计算得出。其他降雨条件下的控制目标应参考式（7.5）中的 a_h 值进行调整。实际溢流总量排放率（e）因降雨条件不同，往往会与理论计算值（e_o）存在偏差。

7.2 所需总调蓄容积

为保障年溢流总量排放率达到控制目标，应在管网系统内增加调蓄容积以减少溢流。单位面积所需调蓄容积（V_s）可根据图 7.2 选取。同时，其取值还应与污水处理厂的雨季生物处理能力相匹配，并通过单位面积雨水入流流量（见第 6.3.2 节）与其对应排水分区面积来确定。

所需总调蓄容积（V）的计算公式如下：

$$V = V_s \cdot A_{is} \quad (\mathrm{m}^3) \qquad (7.8)$$

附录 3 中为计算所需总调蓄容积的设计计算表格。附录 4 为图 7.1、图 7.2 所对应的设计计算表格。

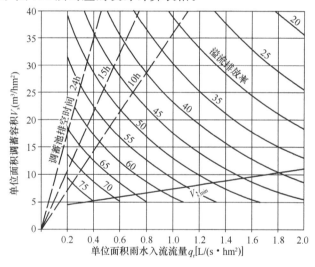

图 7.2 所需调蓄容积计算图

考虑到设施的管理和成本，建议单位面积所需调蓄容积上限不超过 40m³/hm²。如果按照本章的方法计算，得到的单位面积所需调蓄容积仍然超过 40m³/hm²，则需要分析原因，并采用第 4 章中的多种措施尽可能减少溢流污染负荷。如果：①污水处理厂对应的单位面积雨天入流量超过 2L/(s·hm²)；②已经尽量采用多种措施减少溢流，但单位面积所需调蓄容积仍然超过 $40m^3/hm^2$，则计算结果就已经超出了图 7.2 所覆盖的范围。这种情况下，所需调蓄总容积应采用第 8.2 节中的负荷验证法计算。

负荷验证法应遵从以下步骤：

——选择当地适用的降雨条件（见第 8.2.1.1 节）；

——基于 $600kg/hm^2$ 的 COD 基准值，计算有效降雨量和雨水污染物浓度；

——概化管网系统模型（见第 8.2.1.2 节）；

——初步估算所需调蓄总容积，并以虚拟集中式调蓄池为假设条件进行模拟（降雨-入流-模拟法，见第 8.2.2.1 节）；

——计算发生溢流时的雨水平均入流流量［见式（6.11）］与溢流污水平均混合比例［见式（6.17）］；

——计算理论溢流污染负荷［见式（7.5）及式（7.6-1）］，注意由于已经选择了本地降雨条件，因此年降雨总量调整系数取值为 0；

——结合之前理论雨水径流污染负荷计算年溢流总量许可排放率［见式（7.7）］；

——对比理论溢流总量比例和溢流总量许可比例，同时应不断调整所需总调蓄容积，直到二者一致。

7.3 其他类型调蓄容积

在简化的调蓄容积分配法中（见第 8.1 节），以下调蓄空间可被计入总调蓄容积：

——如果调蓄池规模按照不超过 1.2 倍的单位面积雨水入流量所对应调蓄规模设计，即使不采用第 8.2 节的负荷验证法进行分析，这种规模造成的不利影响（例如，下游溢流调蓄池的溢流时长增加等），也在可接受范围内；

——在污水处理厂预留的雨季调蓄容积，例如在进水端配备了紧急溢流通道的污水处理厂前池内预留的调蓄空间；

——通过调整溢流堰高度可增加的调蓄容积；

——溢流调蓄池上游的管网调蓄空间，即位于雨季溢流调蓄池及调蓄管涵上游的管渠内低于最低溢流水位的调蓄容积（见第 9.6 节），计算公式如下：

$$V_s = (V_{stat}/A_{is})/1.5 \qquad (\text{m}^3/\text{hm}^2) \qquad (7.9)$$

式中，V_{stat}——管径超过 $DN800$（或相当于 $DN800$ 过流断面）的管渠内的调蓄容积（仅计算低于最低溢流水位的容积），m^3；

A_{is}——子排水分区内的不透水面积（见第 6.1.2 节），hm^2。

第 8.2 节将详细介绍基于降雨入流模拟的各类调蓄设施的计算方法与相关规定。

7.4 最小调蓄容积

为保障过流池在达到合流污水设计流量时依然能起到过流沉淀的作用，应确定针对多年溢流事件统计得出的最小停留时间。为此，对于污水处理厂的选址而言，首先应在不考虑汇流时间影响的条件下（$a_f = 1.0$），计算出发生溢流时的平均雨水入流流量［见式（6.12）］。然后，再通过污水处理厂中单位面积雨水入流流量（q_r），取 20min 最短停留时间进行计算，得出最小调蓄容积（$V_{s,min}$）。

$$V_{s,min} = 3.60 + 3.84 q_r \qquad (\text{m}^3/\text{hm}^2) \qquad (7.10)$$

当污水处理厂的雨季合流污水入流量（Q_{cw}）超过了 2 倍旱季污水管网高时流量（Q_{dwx}），式（7.10）中 q_r 则可以取 2 倍旱季污水管网高时流量作为上限值。

$$q_r = [(48/x_d - 1) \cdot Q_{dw24} - Q_{rS24}] / A_{is} \qquad [\text{L}/(\text{s} \cdot \text{hm}^2)]$$

$$(7.11)$$

计算得出的最小调蓄容积适用于同一污水处理厂所属排水分区内的全部雨季溢流调蓄池。

　　最小调蓄容积应包括管网调蓄空间，可将污水收集管网视作后端溢流的调蓄管段。此外，在任何情况下，都必须保障雨季溢流调蓄池或调蓄管涵的处理条件（见第 9.3 节），以及遵守对最低混合比例的要求（见第 9.2 节）。

第8章 溢流控制设施设计和验证方法

计算溢流控制设施规模应遵循以下三个步骤：
——确定所需总调蓄容积（见第7章）；
——采用容积分配法（见第8.1节）或负荷验证法（见第8.2节）计算各个溢流调蓄池及调蓄管涵的调蓄容积；
——根据常规技术要求（见第9章）设计各个溢流控制设施。
当设计条件超出了容积分配法的适用范围，则必须采用负荷验证法验证控制措施是否符合本指南确定的目标（见第8.2节）。必须保证单个溢流控制设施符合常规技术要求（见第9章），对于执行超常规技术要求的雨季处理设施，参见附录1执行。

8.1 简化容积分配法

8.1.1 基本方法

单个溢流调蓄池的调蓄容积计算与系统所需总调蓄容积计算的方法相同（见第7章）。对于每个独立的合流制溢流调蓄设施，都应单独计算其现状上游排水分区的调蓄容积。应根据第7.1节所述方法，调研溢流调蓄设施上游排水分区的调蓄设施，确定各项参数，计算溢流总量许可排放率。第7章中调蓄设施的截流流量，可近似计算为调蓄池开始蓄水时合流污水量与溢流开始时合流污水量的平均值。

基于溢流总量许可排放率，可根据第7.2节计算调蓄设施对应的上游独立排水分区所需的调蓄容积。如果再减去系统中调蓄设施上游现状可用的调蓄容积，可计算出新建溢流调蓄池的所需容积。此外，还需要验证调蓄容积是否符合水处理系统的要求，以及所需最小容积是否超出本指南适用范围（见第7.4节）。

8.1.2　适用条件

采用容积分配法分解总调蓄容积，简化计算单个溢流设施所需的调蓄容积，必须符合下述适用条件。如不满足适用条件，应采用负荷验证法（见第 8.2 节）校验容积，以避免因不符合适用条件而造成显著负面影响。

适用条件包括：

——污水处理厂对应排水分区的单位面积雨水入流设计流量应小于 2L/(s•hm²)（见第 6.3.2 节）；

——污水处理厂对应排水分区的单位面积雨水入流设计流量应小于污水处理厂截流的雨季入流流量的 1.2 倍；

——采用简化容积分配法计算调蓄池容积，排水系统中串联设置的调蓄池最多不应超过 5 个，否则设计计算准确度将大幅下降；

——溢流控制设施的截流流量至少达到基于本指南方法的计算结果；

——单个调蓄池排水分区内的溢流口数量不应超过 5 个，否则采用简化容积分配法的计算准确度将大幅下降；

——排水分区内的雨水调节池应在设计降雨强度不小于 5L/(s•hm²)时使用。雨水调节池的容积不计入简化分配法计算中，只在采用负荷验证法（见第 8.2 节）计算时考虑；

——调蓄池所需单位面积调蓄容积不应超过 40m³/hm²。

8.2　负荷验证法

8.2.1　适用条件

当设计条件不符合上述第 8.1 节中简化容积分配法的适用条件时，应采用负荷验证法进行计算。在以常规技术要求为目标时，仍然先要采用第 7 章中的方法计算所需总调蓄容积。之后，假定在污水处理厂前设置一个虚拟的集中式调蓄池，利用实证法通过模型初步计算排水系统内多年平均的年 COD 污染负荷总量。在后续的设计计算中，可优化针对雨水径流的处理处置措施，从而避免 COD 排放量超过采用虚拟的集中式调蓄池时的估算值。

8.2.1.1　降雨数据

实证法最好以本地的多年实测降雨数据为基础，尽可能反映出本地实际情况。一般来说，降雨数据应至少涵盖 10 年测量数据，并且从统计学角度来看，能够代表当地降雨的基本状况。

通常情况下，在进行特定计算时，允许将长期实测降雨数据替换为合适的降雨序列或者雨量分布数据（降雨频率分布曲线图，IDF 曲线）。在这种情况下，应比较长期降雨数据和降雨序列或雨量分布数据（IDF 曲线图），确保在长期模拟中能更为准确地反映本地的溢流或排放情况。相比而言，本地降雨的精确描述不及溢流或排放的结果重要。详见 ATV 1.9.3 工作组于 1989 年的工作报告。

8.2.1.2　管网系统概化

通常，考虑到模拟工作的运行效率，对精细的管网模型进行长期降雨模拟并不可行，因此，需要将精细的管网概化成一个粗略的管网模型来计算污染负荷。首先应概化主干管，将具有转输功能的支干管及其所在排水分区都概化为主干管的子排水分区。排水分区的划分，应考虑所有在初步计算中设定的现状和未来规划设施的位置。一般来说，不能将一个污水处理厂的排水分区直接概化为具备单一转输功能的分区。分流制排水分区的概化应考虑如下要点：

——分流制排水分区的旱季流量，主要由污水和外水组成。在计算中，可将整个分流制排水分区的旱季流量作为接入合流制管网系统的单独入流进行处理。旱季流量中的污水和外水取值应尽量来自实测结果（见第 6.2.2 节）。

——分流制排水分区中的雨水径流通过污水系统接入合流制系统的情况，可按以下方法概化处理：模拟计算分流制排水分区不透水面积的雨水径流量，将其出口设置为虚拟的雨季溢流井，再将雨季溢流井的截流流量接入合流制系统。截流流量尽可能根据分流制系统的雨季入流量和合流制系统的雨水径流入流量的实测数据来确定。如果没有实测数据，可选用分流制旱季污水管网高时流量作为截流流量。

概化后的管网系统应与精细管网系统的水力学特征近似或具有对应性。举例来说，在比较简单的系统中，所有子排水分区的汇流时间应该具有可比性；或者在一年一遇设计降雨条件下，所有概化和精细管网系统中的设施产生的溢流量具有可比性。

8.2.1.3　虚拟集中式调蓄池

根据第 7.2 节内容计算所得的总调蓄容积，在模拟中可假设为：在污水处理厂前设置一个具有过流沉淀功能、不含紧急溢流设施、采用离线模式的集中式过流池。过流池的竖向设计应确定不影响管网的调蓄或调节能力。这个集中式过流池的截流流量，应与污水处理厂的生物处理阶段处理能力一致。

8.2.2　计算步骤

应用实证法进行设计的步骤如下：

——初步计算确定模型中虚拟集中式调蓄池允许的 COD 排放总量；

——确定改造需求和目标；

——确定技术路线和措施；

——验证模型中的 COD 排放总量不超过允许排放的污染物负荷总量。

在针对不同设计方案的计算中，都应使用相同的建模条件和降雨数据。

8.2.2.1　初步计算基于模型的允许排放的污染物负荷总量

应使用负荷验证法中所采用的污染负荷模型进行先期计算。对如下沉积物的影响和污染物浓度的变化，仅在有关监管部门同意后才可计入模拟结果，包括：①管网沉积物的累积和冲刷效应（包括地表的污染物累积和在水力冲刷能力不足的管网中的污染物累积）；②管网和调蓄设施中的沉积物沉淀；③降雨初期时由于冲刷造成的浓度升高。在准确掌握管网系统及调蓄设施的真实情况及普遍认可的计算方法前，应严格遵守上述规定。

在概化管网模型中，先期计算允许排放总污染负荷时，应满足的要求是：在污水处理厂所在排水分区内，全年合流污水总量全部顺畅（没有壅水）接入虚拟的集中式调蓄池。详细设置方式如下。

在先期计算阶段，模型中的所有溢流口均不参与计算，即截流流量都假定为能满足峰值水量的截流能力。无论是在线经过溢流控制设施（如雨季溢流井、溢流调蓄池、雨水调节池），还是离线绕过溢流控制设施，都要保障在最终进入集中式调蓄池的整个过程中，管网系统内都不会发生溢流和壅水。任何由连接方式产生的或无法避免的超过管道排放能力而引发的溢流现象，都必须通过扩大过流断面来消除。为了实现年合流污水总量对应的流量模拟中不发生壅水，可以利用一年一遇的降雨数据对需要扩大的过流断面进行估算。

在上述模型初步计算中，离线设置的虚拟集中式过流池的溢流是排入受纳水体的唯一溢流排放点。地域性影响如分流区域、重污染源以及年降雨量，应根据实际调研情况应用到先期计算中。此外，修正管网模型中截流系统的目的，主要是为了保证虚拟集中式调蓄池不发生壅水。

通过虚拟集中式调蓄池的假定和设置，可估算出模型管网排放的年 COD 污染负荷总量。该数值将作为所有规划、设计计算或者优化调整措施的目标参数。所有备选方案得出的结果均不得超过此参数。

8.2.2.2 确定改造需求和目标

确定改造目标的前提是，应用实证法确定目前受纳水体承受的污染状况（见第 5.1 节）。在此阶段中，应获取管网与污水处理厂相关排水分区的各类详细参数，并以此为基础进行第 7 章中的总调蓄容积计算以及模型运算。污染负荷计算可得出受纳水体的现状受污染情况。

应详细记录预设参数，以便将计算结果与初步计算的理论允许排放总量（见第 8.2.2.1 节）进行比对。

通过上述参考值的比较，就可在不受负荷验证法和预设参数影响的情况下，对雨季处理措施进行评估。

8.2.2.3 措施设计

管网中单项溢流控制措施的设计，应遵循第4章中的设计方法和指导内容。如采用其他可选控制措施，也应能够验证污染负荷量，并可计算减少溢流污染负荷的效果。

在先期计算中，无需考虑很多复杂因素影响。但在实际排水系统中，这些影响不得不考虑在内，因此，必须证明实际排放的COD年污染负荷总量确实没有超过先期计算的结果。

在负荷验证法中，由于没有体现对雨水的沉淀处理效果，后端溢流调蓄管涵在计算溢流COD负荷时，应比过流池的年污染负荷总量提高15%。由于调蓄管道的断面形态容易形成更高的流速，因此对比过流池，其污染物沉淀的效果更差，输送至污水处理厂的浓度较高。同时，考虑到管道调蓄需要的调蓄容积更大，排空时间更长，污水处理厂要处理的污染负荷相比过流池也会更多。

如果应管理部门要求，需要计算管网调蓄设施的沉降效应，通常后端溢流调蓄管涵的沉降效应至少比过流池低10%（例如，过流池的沉降效应为15%，则后端溢流调蓄管涵为5%）。在这种情况下，没有必要如上所述在计算中将排放的COD总污染负荷增加15%。沉降效应可理解为溢流合流污水中的COD浓度降低的百分比。

如果在原先期计算中采用的初始数据发生了系统性变化（例如，不透水面积比例改变），导致根据第4章要求需要选用其他调蓄设施方案，则应在考虑这些参数变化的情况下，重新进行先期计算。该计算结果对单项措施的评估具有决定性意义。

如果预测数据显示，方案在规划安全性上有显著风险，并可能对雨季处理措施造成重大影响，应对方案实施过程中的各个阶段（例如，现状）进行污染负荷验证。这些负荷验证也包括先期计算。如果在方案中需要明显增加调蓄容积，应在现状基础上，考虑在实施过程中逐步满足措施需求的可行性。

各单项调蓄措施应验证如下内容：

（1）符合根据第9.1节和第9.2节所确定的最小混合比例要求；

（2）符合根据第 9 章所确定的合流污水处理条件；

（3）验证理论排空时间；

（4）符合根据第 7.4 节所确定的最小调蓄容积要求；

（5）根据第 11.2.2.3 节的表 11.2，验证各项理论溢流特征指标。

所有验证数据资料应可追溯并记录清晰。污水处理厂排水分区内的所有溢流排放的污染物总量不能超过在先期计算中依据模型计算得出的允许排放的污染物总量（以 COD 计）。

当设计方案可以满足上述验证内容时，所有调蓄池的总池容可以与第 7.2 节所计算的所需调蓄总容积有所出入。如果设计计算中所有调蓄池的总池容加上管网系统的容积，与管网所需调蓄总容积存在明显差异，则必须给出相应理由，证明其合理性。

8.2.2.4　其他验证参数

为了评估整体水系统（水务）管理情况，以及雨水处理处置的超常规要求，可对合流制系统的如下方面进行评估分析：

——设计要求（发展规划、用途等）；

——实地条件（可实施性）；

——经济性（成本效益评估）。

通过实证法，可以进一步调整设施规模。例如：

——溢流总量；

——溢流频率；

——溢流时长；

——溢流污染负荷；

——溢流污染浓度；

——不同频率下受纳水体的水力负荷。

上述参数通常为年平均值，既适用于单项设施，也适用于整体系统。对上述参数的详细阐述见 ATV 1.9.3 工作组于 1989 年发表的报告。

通过负荷验证法可以确定单项溢流设施排放的污染物负荷是否最大限度地满足了受纳水体的排放限制要求。而且，受纳水体的特定指标要求是决定各类污染物排放标准优先级的关键。

此外，在评估雨季处理措施时，还应重视经过污水处理厂处理后雨水径流剩余的污染负荷。

8.2.3　污染负荷计算方法的适用条件

在第8.2.1节以及第8.2.2节负荷验证法中所应用的污染负荷计算方法，有如下几种（见附录2）：

（1）基于经验公式的水文计算法；

（2）基于水文演算的数学模型；

（3）基于水文水力演算的数学模型。

污染负荷计算方法通常应该根据当地排水系统的特征选取，或者根据当地基础条件的特征选取，即可以依据当前降雨量、入流量、污染物浓度的实测值率定。选定的计算方法、实证参数以及计算过程应由项目委托方、设计单位以及监管机构三方及时确认。

较好的污染负荷计算方法不仅需要对模型本身的适用性进行评估，更重要的是要确定计算方法在多大范围内能反映排水分区的特征，以及在多大程度上能够运用到本地实测数据对模型参数进行的率定调整中。计算结果的优劣还取决于所收集数据的数据质量。

验证单项措施的基本原理是，将各种规划方案的控制效果与先期计算值进行比较。应用负荷验证法至少应按照以下步骤执行：

——收集足够详实的排水分区以及排水系统（划分排水分区）数据；

——收集当地降雨统计数据或者实测降雨数据（见第8.2.1.1节）；

——结合往期降雨事件，模拟降雨径流；

——模拟包括子排水分区支管在内的不透水面积的径流污染浓度；

——参考本地旱季污水流量及其特征（至少获取日均流量）；

——至少以水量平移的模式，模拟主干管中的流量转输情况；

——根据雨季和旱季径流流量及各自污染物成分叠加后的直接混合浓度，模拟主干管中的物质转输情况；

——结合入流、转输及溢流排放的水量、污染负荷的流程及物质平衡，模拟各常规溢流控制设施的水量和污染负荷分配情况；

——整理简明、准确、便于理解的存档记录，包括初始输入数据、所应用的模型公式方法、模型参数以及输出结果。

第9章 单项溢流控制设施的计算

9.1 雨季溢流井

为了避免过量的污染物被直接排入水体的各个区段，应设置雨季溢流井，并保证在一定单位面积雨水入流流量下 [一般在 $7.5\sim15\text{L}/(\text{s}\cdot\text{hm}^2)$ 之间] 不发生溢流。根据不同的汇流时间，确定单位面积雨水入流流量，计算方法详见式（9.1）与图 9.1。

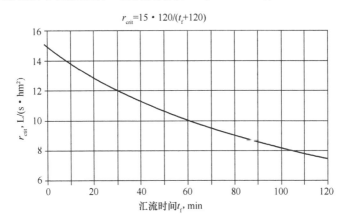

图 9.1 汇流时间与单位面积雨水入流流量计算

当汇流时间（t_f）小于或等于 120min 时，

$$r_{crit} = 15\cdot120/(t_f + 120) \qquad [\text{L}/(\text{s}\cdot\text{hm}^2)] \qquad (9.1)$$

当汇流时间（t_f）大于 120min 时，

$$r_{crit} = 7.5\ \text{L}/(\text{s}\cdot\text{hm}^2)$$

式中，t_f——雨季溢流井对应排水分区的最长汇流时间，不含转输过程中管涵、调蓄池等设施内部所造成的汇流时间影响，min。

截流流量包含两部分：直接接入该溢流设施的排水分区污水流量，以及上游系统截流的水量（见第 6.2.6 节及第 6.2.7 节）。即使上游排口截流流量（$Q_{t,i}$）实际大于式（6.10）中的计算结果（出于建设实施等原因），其下游的溢流设施设计流量也只取式（6.10）所要求的设计截流量（详细案例见第 11.3.2 节）。

最低混合比例：

如果溢流设施达到设计截流流量并开始发生溢流时，雨水入流流量与旱季污水流量的比值低于 7，则至少应达到 7 倍作为最低混合比例。如果旱季污水的平均 COD 污染浓度高于 600mg/L，则最低混合比例应相应提高，以达到对污染物的稀释作用。

$$m_{SO} = (Q_t - Q_{dw24}) / Q_{dw24}$$

当 $c_{dw} \leqslant 600mg/L，m_{SO} \geqslant 7$

当 $c_{dw} > 600mg/L，m_{SO} \geqslant (c_{dw} - 180)/60$ （9.2）

式中，Q_t——发生溢流时管道中的截流流量［见式（6.10）］，L/s；

Q_{dw24}——日均旱季污水管网流量，L/s；

c_{dw}——实测或应用公式计算得出的旱季污水的平均 COD 浓度［见式（6.16）］，mg/L。

日均旱季污水管网流量与旱季污水平均浓度，应依据上游完整排水分区内的数据进行统计。

根据式（9.2），雨季最小截流流量的计算为：

$$Q_t = (m_{SO} + 1) \cdot Q_{dw24}$$ （9.3）

如果雨季流量（Q_t）超出式（6.10）要求的取值范围，则应根据式（9.3）进行计算。

工艺要求：

如果该设施通过安装高度可调的堰板，就可以利用管道容积增加雨水调蓄空间，产生类似于后端溢流调蓄管涵的功能。在这种情况下，只要满足最低混合比例和后端溢流调蓄管涵的运行工况要求，就可以相应减少上面所计算出的截流水量。

9.2 雨季溢流调蓄池

雨季溢流调蓄池的调蓄容积至少应达到第 7.4 节中计算出的所需调蓄容积要求。过流池的容积应满足下述条件：

（1）出于实施建设原因，过流池最小容积不应小于 100m³，初期雨水调蓄池不应小于 50m³；

（2）由单位调蓄容积与单位面积雨水入流流量的比值计算出的雨季溢流调蓄池的排空时间不应超过 10～15h。设计超过此排空时间的调蓄池的建设和运维要点参考第 10 章。

最低混合比例：

单个调蓄池内的多年平均混合比例（m_{STO}）应不小于 7，计算方法详见式（6.17）。如果旱季污水平均 COD 浓度高于 600mg/L，则应选取更高的混合比例，以更好地稀释污染物。

当 $c_{dw} \leqslant 600\text{mg/L}$，$m_{STO} \geqslant 7$

当 $c_{dw} > 600\text{mg/L}$，$m_{STO} \geqslant (c_{dw} - 180)/60$ （9.4）

式中，c_{dw}——实测或应用公式计算得出的旱季污水的平均 COD 浓度［见式（6.16）］，mg/L。

简化分配法应根据式（6.17）计算平均混合比例。

在实证法计算中，溢流控制设施的平均混合比例（m）可应用长期模拟数据，通过下列公式反算得出：

$$m = (c_{dw} - c_{cc})/(c_{cc} - c_r) \quad\quad (9.5)$$
$$c_{cc} = PL_o/VQ_o$$
$$c_r = PL_r/VQ_r$$

式中，VQ_o——平均年合流污水溢流总量（见第 7.1.6 节），m³。

例如，商业或工业的高浓度污水进入溢流控制设施，为避免实际混合比例低于最低混合比例要求，则需要采取措施：①减少污水量；②采用预处理设施降低污染物浓度再排放。如果显然还是无法达到最低混合比例要求，须在溢流污水进入水体前增设处理设施。该情况应根据第 8.2 节的方法进行负荷验证。

工艺要求：

对于矩形过流池来说，在设计降雨强度不大于 15L/（s·hm²）时，其进水流速不可大于 10m/h。

对于复合池（见第 4.3.2.3 节）的过流处理部分来说，调蓄池所在排水分区所产生的污水量不计入流量。

为避免矩形过流池因产生湍流而影响沉淀净化效果，对应设计降雨强度为 15L/（s·hm²）时，设施内设计平均水平流速不得高于 0.05m/s。

矩形过流池的长宽比至少应为 2：1（水流方向为长边）。如果雨季溢流调蓄池中设置多个组合单元，那么每个独立单元都应符合上述长宽比要求。

圆形过流池通常沿切线方向进水，中心设置截流设施将日常流量截入污水处理系统，净化后的合流污水通过池体外侧溢流（见图 10.3）。设计要点详见第 10.2.2 节及第 10.3.2 节。其设计最低表面流速与矩形过流池相同，即不得超过 10m/h。

为达到设计的运行工况，可通过在调蓄池入流处设置溢流通道来限制其入流流量。如果溢流调蓄池的净化效果基本符合排放要求，或者很少发生溢流（溢流频率低于每年 10 次），可不设计调蓄池溢流通道。

9.3 调蓄管涵

9.3.1 前端溢流调蓄管涵

如果设计条件符合第 4.3.2.1 节所述初期雨水调蓄池的要求，则前端溢流调蓄管涵的设计规模与初期雨水调蓄池相同。如果不满足设计条件，就应将其作为后端溢流调蓄管涵进行设计。上述计算也适用于调蓄容积低于 50m³ 的调蓄管涵。

9.3.2 后端溢流调蓄管涵

简化容积分配法所计算的调蓄容积，如果应用于后端溢流调蓄管涵中，会导致沉淀效果不足，因此需要对其调蓄容积（V_s）进行如下调整（其单位面积调蓄容积的计算与雨季溢流调蓄池相同）：

$$V_{SSCBO} = 1.5 \cdot V_s \cdot A_{is} \quad (\text{m}^3) \tag{9.6}$$

式中，V_s——单位面积调蓄容积（见第7.2节），m^3/hm^2；

$\quad\quad A_{is}$——相应子排水分区的不透水面积（见第6.1.2节），hm^2。

采用负荷验证法计算后端溢流调蓄管涵规模时应注意优化调整规模，详见第8.2.2.3节。

调蓄管涵的排空时间应不超过15h。

最低混合比例参见前述雨季溢流调蓄池设计。

工艺要求：

设计降雨强度达到15L/(s·hm^2)时，后端溢流调蓄管涵的溢流口起始端水平流速应不超过0.3m/s。在管涵溢流设备应设置长度充足的稳定段。例如，将过流断面宽度逐渐扩大至起始端的10倍，以达到缓冲稳定的效果。如果现有设施因管道壅水等原因无法满足上述流速要求，则应根据本指南判断现有设施是否需要进行改造。

9.4 雨水调节池

本指南中不包括雨水调节池的设计计算方法。雨水调节池对下游溢流设施的影响主要取决于降雨强度。当溢流控制设施的雨季截流流量超过5L/(s·hm^2)时，不考虑雨水调节池的调节作用，即雨水调节池的调节容积不计入下游的调蓄容积。

在这种情况下，不能仅采用简化的容积分配法设计调蓄容积，必须根据第8.2节所述的负荷验证法核算调蓄容积。除了先期计算阶段，在使用实证法计算时，还需要考虑雨水调节池的总调蓄容积以及其实际截流流量。

第 10 章　溢流控制设施的建设与运行

第 4.3 节全面描述了溢流控制设施在管网规划设计中的基本原则、布局要求等，本章主要说明溢流控制设施的具体建设、维护和运行。

溢流控制设施应在设计条件下保障旱季不发生溢流。

设置溢流通道的目的是为了能在上游排水系统满负荷运行时，管网尽可能保持顺畅排放，以保证在超过设计降雨强度的情况下，溢流通道内的溢流控制设施不会发生倒灌、壅水等问题。同时，小管径排水管道应防止出现淤堵问题，大管径排水管道应通过限流措施来控制流量。

接入污水处理厂的截流管管径通常应不小于 300mm。为配合污水处理厂可能的改扩建工程，即系统工况的变化，建议在排水管网中安装可调控和可拆换的限流设备以及时调整流量，并在正式投入运行前对其限流效果进行校验。

通常来说，应设置限流阀门、涡流限流设施或其他具有调节流量功能的限流装置，以实现对污水的精确分流。截流系统需要及时应对未来系统工况的变化，除上述设施外，也可以通过其他方式来达到限流目的，例如通过增加堰板来调整溢流堰的高度。需要注意的是，限流装置不宜过长。应在溢流堰前设计拦污挡板，尽可能减少溢流中的悬浮物。

为满足溢流控制措施长期监测评估的需求，在设计时应为监测和检测设备设置合适的位置和充足的作业空间。

10.1　雨季溢流井

10.1.1　概述

为满足雨季溢流井的基本水力条件，溢流发生时，管网内的最小流量不应低于 50L/s，接入合流制系统的不透水面积（见第 6.1.2 节）应不低于 2hm²。同时，该管网系统的旱季最低流速不低于 0.5m/s。如果低于此流速，应对管网进行定期有效冲洗以保证管道清洁。

新建雨季溢流井时，在保证坡度的前提下，应在与其紧邻的下游管段设计高差充足的跌水空间，以便在今后需要建设调蓄池时，竖向条件能够尽可能满足调蓄池重力运行的要求。同时，为保障水力计算的准确性，应避免溢流设施平行于河道（侧向）方向入流。

应注意保持雨季溢流井和溢流堰等设施的空气流通。

雨季溢流井的水力计算方法，详见 ATV-A 111。

10.1.2　堰式溢流井

堰式溢流井应设置在雨季处于急流状态的管段。在雨季水量很大时，管内水流通常处于急流状态。由于水流进入溢流设施后，流态会在设施内或设施前的某一位置发生变化，形成急流和缓流的变化区间，继而出现水跃现象，导致无法准确计算出溢流比例。通过设置减缓坡度的整流区域或者缓冲区域调整流态，可以使雨季水流在设计流量下处于比较稳定的流态。当溢流堰上端标高高于进水管的管顶标高时，可不设置整流区域或缓冲区域。

图 10.1 为具有单侧溢流堰的溢流控制设施。其中，截流装置应保证截流到污水处理厂的流量即便达到旱季污水管网高时流量，也不会发生回水。基于上述情况，通过从进水端到出水端逐渐收缩过流断面，可以在雨季溢流井内部形成更大的底坡，以保证出水顺畅。在特定情况下，也可以在出水端设置底部跌水设施来避免回水。通常，出水管管底标高应至少比进水管管底标高低 3cm。在达到雨季入流设计流量时，截流造成的设施内壅水水位不允许超过溢流堰顶标高。

溢流堰应保持水平，堰顶光滑无棱角，其顶标高应至少高于截流管管顶 0.5m。

为了尽可能抬高溢流堰顶标高来增加设施内的调蓄容积，溢流堰顶标高应至少达到进水管中心线标高。在进水管得到充分冲洗清

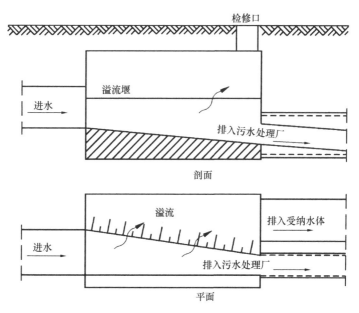

图 10.1 单侧溢流的堰式溢流井

洁且不发生回水的条件下，可以尽量提高溢流堰的高度，以创造更多的调蓄空间。

对于两侧设置溢流堰的溢流井，截流入污水管网的截流槽应预留至少 25cm 高的超高空间。

为了更好地实现截流，溢流井内截流管与入流管的夹角通常设置为锐角。应注意截流管入流口能够在任何时间，通过检查井或高于洪水位的检修平台进行清理。

10.1.3　底部截流溢流井

在管网坡度较大、管内雨季流量基本处于稳定流态的情况下，可以选择底部设置截流管的溢流井。这种情况下，进水管路需要设置充足的平直段以稳定流态。

该类型溢流设施的构造如图 10.2 所示。根据水力学原理，该类型的截流井底板需低于入流管管底。低于设计截流流量的合流污水，都应通过底部截流管全部截流进入污水处理厂，不进入上部的

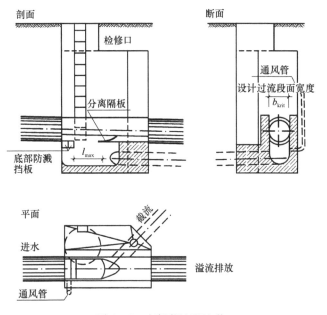

图 10.2　底部截流溢流井

溢流管。为了尽可能避免超过设计截流量的合流污水也排入污水处理厂，可以在截流管入口处设置水平隔板。该隔板由下往上逐渐变窄弯曲，形成截流管与溢流管之间的过渡通道。另外，也可以使用适合管道轮廓的曲面分离隔板。

　　在截流量精度要求很高的情况下（实际截流量要求不能超过设计截流量的120%），应设置更加有效的截流设施，将合流污水送入污水处理厂（具体设计见 ATV-A 111）。

　　截流设施的入流管与溢流管坡度应尽量保持一致。

　　为便于维护管理，底部截流管长度至少应为 50cm，同时底部截流空间应设置较大坡度。当管网系统的排水分区增大，合流污水设计截流流量提高时，可以通过增加截流面积、调整跌水位置来进一步延长截流管的长度。也可以通过调整入流端的预制组件来实现这一目的，或设置可拉伸的分离隔板来调节截流流量。

　　此外，底部截流空间须保持排气畅通。

10.2 雨季溢流调蓄池

10.2.1 分流设施与溢流设施的建设

分流设施与调蓄池溢流设施应尽可能集成为一体化设施。

对于在线调蓄的初期雨水调蓄池来说，应在池前设置一处溢流设施，通常称作调蓄池溢流通道。在合流污水充满池容后，才允许溢流排放。

在过流池中，沉淀后的合流污水溢流至受纳水体的溢流设施称作过流池溢流通道。在特殊的管理要求下，某些调蓄池可以取消紧急溢流通道（见第 9.2 节）。

调蓄池溢流通道和分流设施的设计原理与雨季溢流井基本一致。但是，在这两种设施中，进水管允许侧向接入。

在溢流处理设施前，必须设置拦污挡板。

如果在调蓄池溢流通道处设置堰板等阻水设施，使合流污水存储在管网与调蓄池中，防止其通过调蓄池溢流通道溢流，则可将这部分系统附加的调蓄容积也计入有效调蓄容积。

分流设施的选型和高度设置，应不影响调蓄池溢流通道与过流池过流排放通道的功能。即在溢流调蓄池的池容充满前，雨季合流污水能持续排入池体，而不会通过溢流口提前排放至水体。

过流池理论调蓄容积取决于溢流处理设施中溢流堰顶标高。溢流堰顶标高可能高于或低于分流设施上沿以及入流管道管底标高，应注意对入流管道造成回水的影响。为防止底部沉积底泥，在达到旱季污水管网高时流量时，入流管内流速应不低于 0.8m/s。上述标准也适用于扩建项目的系统调试到规划设计的所有阶段。

当降雨强度超过合流制系统设计截流流量时（见第 9.2 节），过流池池容充满后，调蓄池溢流通道才可以开始溢流。因此，调蓄池溢流通道中溢流堰顶标高，应高于设计流量下的溢流处理设施的堰顶水头高程（h_{osc}）。此外，建议在入流处设置调流设施，尽可能保持均衡入流，避免池中产生旋流等不稳定的流态。

为保证过流池溢流通道的沉淀效果，应尽可能延长溢流堰长度，同时降低溢流液位与溢流堰顶端的高度差。如有溢流的监测需求，尽量设计阶梯状溢流堰。

与雨季溢流井不同，调蓄池溢流设施和分流设施前不需要设计整流区。但如果需要设置液位检测设备或考虑运行维护，推荐增设整流区。

10.2.2　雨季溢流调蓄池的建设

对于雨季溢流调蓄池的规划设计和建设，不仅需要考量当地的水文、水力及其他当地具体条件，也必须考虑未来运行、维护和监测的需求。

从便于清理、便于运维、控制简单以及建设经济等角度出发，雨季溢流调蓄池宜建设为开放设施。在居住区内，鉴于卫生条件、居住环境保护等要求，通常优先采用封闭式建设形式。

此外，应尽量保证调蓄池可通过重力流排空。如果难以保证重力流排空，则至少能够保障旱季水量可通过重力流稳定排空，不需要借助其他设备提升排放。

雨季溢流调蓄池的设计应符合如下基本要求：

——对于分期建设或调蓄容积拆分成多个单元的调蓄设施，出于后期运行维护的考虑，调蓄单元应设计为串联形式（即进行分舱），当前一个单元充满后才开始在下一个单元蓄水。

——未设置冲洗设备的平底矩形溢流调蓄池，底部设计应满足如下条件：沿入流方向，纵坡不应小于 1%（通常 2% 为宜），横坡应设置在 3%～5%；圆形雨季溢流调蓄池边缘至圆心的坡度应至少为 2%。应定期清理底泥，设计清理或冲洗设施。设置自动冲洗设施时应根据冲洗需要调整池体结构设计。

——调蓄池如果采用在线运行方式，旱季污水日常流经调蓄池，应为旱季污水单独设置流槽，并满足 3 倍旱季污水高时流量与日均旱季污水管网流量之和（$3Q_{wx} + Q_{dw24}$）的截流能力。

——截流管连接处的设计应保证溢流池在达到设计截流流量时不发生壅水。

——过流池应在设计中尽量保证池内水力学流态稳定。由于水力停留时间很短，所以要求调蓄池尽量均衡进水。可以通过进水口与出水口的合理设计来保证上述要求。

——沿切线方向进水的圆形调蓄池，截流排放管应设置在调蓄池中心位置。应在制定措施或设置设备时，避免调蓄池排空时池底堆积沉积物。圆形过流池位于池边的溢流排放通道应基本保证污水行程包括整个圆周（至少应设计安装在圆周上Ⅲ、Ⅳ象限的位置，如图 10.3所示）。

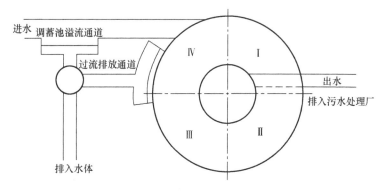

图 10.3　圆形过流调蓄设施结构示意

——容易产生横向水流或短路水流的调蓄池，由于池内水力状况对沉淀效果有负面影响，因此，一般不作为过流池使用。

——开放式调蓄池须设置隔墙，池壁应设置围栏，并符合建筑安全规范与危险控制要求。

——封闭式调蓄池需考虑底板积淤情况，不应完全封闭调蓄池盖板，预留底板上方充足空间用于通风和清理维护。

——封闭式调蓄设施应设置通风口，避免调蓄池内不断累积对健康有害的物质和易燃易爆危险物质。通风口应兼顾进水时通风排气，以及池内采光的要求。位于居住区内的调蓄池通风管出口应尽可能设计在高处。如有需要，特殊情况下应采用动力通风。

——为保证低水量时池内流速，可设计低水量流槽，优先采用之字形设计。水槽在旱季污水管网高时流量条件下应满足最小流速

0.80m/s 的要求。之字形水槽每个转弯处水力损失为0.01~0.02m。

——调蓄池应可保证充分照明。

——调蓄池内电气系统应防水密闭安装，并符合防爆要求。

——调蓄池应设置逃生和运维通道。

10.2.3　调蓄管涵的建设

调蓄池溢流堰顶标高应与最大设计入流量相匹配。管涵的断面直径应至少与进水管管径一致。一般来说，圆形断面调蓄管涵直径大于 1.5m，或具有相似管径的其他断面类型且管底坡度较大的其他类型管涵。为避免底泥沉积，旱季污水管网高时流量对应的管内流速应大于 0.8m/s，水深大于 0.05m。能够形成底泥冲刷效应的水流剪应力应在 2~3N/m²，最小不应低于 1.3N/m²。如旱季流速低于 0.5m/s，应设置冲洗设施。

调蓄池溢流通道发生溢流时，其溢流堰顶标高必须高于调蓄管涵内的调蓄水位。调蓄管涵末端应设置截流调节阀或其他截流设施，控制雨季排入污水处理厂的排放流量。

10.2.4　排放设施的建设

调蓄池排放设施可采用多种限流措施，如旋流限流阀、可控限流阀、限流闸门或泵等，也可以通过较长的截流管进行限流。由于截流管无法灵活调整流量，这种设置较长截流管的方法只适用于某些特定情况。

为防止底板淤积，应在设计中尽量降低截流管跌水区域的高差。设定的高差应与限流装置类型相匹配，以抵消出流管中限流设施的水头损失。

如采用截流管限流，应保证设计流量不超过最大许可的排放流量。考虑到管道堵塞风险，管道管径不得小于 0.3m。在部分特殊条件和运维中高频监测的情况下，可以降低管道堵塞发生频率，因此可将最小管径要求降低至 0.2m。

限流装置可采用多种类型的设施，既可以单独设置，也可以在不同高度设置多个闸阀，组合使用。限流闸阀在闭合状态时的排放口过流断面应不小于 $0.06m^2$，其开启高度至少为 $0.2m$。由于限流闸阀的主要功能并不是完全封闭蓄水，因此也可以设计在带水环境下运行。

如需要保持基本恒定的流量，可采用可控限流阀、旋流限流阀以及其他控制设施。

通过泵进行排空，其流量更为稳定可控，可以实现与限流闸门相近的效果。泵组（或泵站）选型时，应尽可能采用能够实现恒定流量的泵组（或泵站）。此外，还应注意如下要点：

——排空泵的出水管径应足够大，以避免发生堵塞。还应兼顾在必要时利用泵组（或泵站）冲洗调蓄池的使用条件（泵出水端直径不小于 $100mm$）；

——排空泵组（或泵站）的设计工况应满足快速排空调蓄池的要求；

——泵站的压力管端应连接到截流设施前，避免压力流影响截流设施，导致超过设计截流流量。可通过设置循环用水或冲洗设施等方式实现对调蓄池的冲洗和清洁。

总而言之，不同种类的限流设施适用范围不同。而对于小流量的截流管道（低于 $30L/s$），尤其需要注意底泥沉积的影响。

限流设施的设计应尽可能实现排放流量接近恒定的目标；并且，在不同的调蓄池水位条件下，其排放量都应保持在最大允许排放流量以下。限流设施必须与污水处理厂扩建改造阶段的即时处理能力和工况相匹配，可通过绘制"出水流量-水位图"校验其效果。为了满足本指南的控制目标，有必要在项目验收前通过简单的本地监测来检验设施效果。

出于经济性考虑，例如避免污水量的大幅变化影响污水系统，在特殊情况下，也可以通过沿截流管设置多处截流井的方式进行截流。

使用浮标控制的阀门时，应对安装井做配套设计。

位置固定的限流闸门和限流阀不适宜作为独立的截流设备。

应单独设置应急排放线路，保障运行故障的情况下可及时排空调蓄池。排空设施应设置于池底，以实现池底完全排空。日常运行情况下，此设施应处于关闭状态。为减少应急排放管线堵塞的风险，管底可高于常规排水管 0.5m。

溢流口的限流闸门应可从调蓄池外部进行操作，闸门的控制杆应延伸至地面以上。

合流制溢流调蓄池的出水管排放能力应至少为截流系统的流量峰值，即 2 倍旱季污水高时流量与日均外水流量之和（$2Q_{wx}$ ＋ Q_{iw24}）。为了避免底泥沉积，在上述截流流量下，调蓄池底板不应全部浸水。对于新规划的调蓄系统，出水管应按照至少 3 倍旱季污水高时流量与日均外水流量之和（$3Q_{wx}$ ＋ Q_{iw24}）的排放能力设计，以适应未来不可预见的发展和其他影响。

10.3 运营与维护

10.3.1 维护设施

雨季溢流设施的维护和运行应作为整体排水管网系统运营的一部分进行统筹规划。调蓄池旱季无故障运行、旱季污水顺畅排出，是实现雨季溢流控制的先决条件。

封闭式调蓄池必须设置能够安全顺畅进出的检查井及作业通道。其中，检查井应设置防滑梯或阶梯，并设计为逃生通道（参考其他事故预防相关条例）。

调蓄池的通风系统设计应最大限度地避免调蓄池内形成冷凝水。同时，在调蓄池注水过程中，通风系统的最大空气流速不应超过 10m/s。为能及时清除出水管口处的堵塞物，必须设置作业检查井。如果未设置截流管，应在限流设备储水的一侧设置检查竖井，以保证能在带水环境下排除堵塞故障。调蓄池内运维管理配套工作平台的高度，应满足在调蓄池充满水时，作业人员能够通过检查井到达平台作业，因此应设置于调蓄水位以上。

10.3.2 清理与冲洗设施

在调蓄雨季混合污水时，使用限流设备进行截流，极易产生沉积物。这些沉积物以及其他的调蓄池污染物必须送入污水处理厂处理，或者做其他无害化处理。在项目实践中，冲洗设备的应用已被证明对沉积物的清理非常有效。如有必要，应在现有调蓄池中安装冲洗设备。调蓄池必须满足人工冲洗的作业要求。冲洗水的水源可以是受纳水体或者地下水，也可以是调蓄池入流的雨水。调蓄池冲洗时，应注意卫生防护。

不同冲洗设施的适用条件有很大差异，如下案例能提供一定经验和指导：Kaul，1986；Stier，1986/1987；RW-Behandlung in BW，Stuttgart，1987。

10.3.3 监测设施

在水务系统管理相关的调蓄设施中，为满足自我监控相关条例的法律要求，调蓄池内部应设置联网运行的液位监测设施。此外，还建议同时监测调蓄池截流流量以及所在排水分区的降雨数据。通过上述监测可以更准确地估算溢流设施的溢流频率以及溢流调蓄池对水体的影响。这对于制定排放管理目标与排水管网系统的改造目标至关重要。溢流数据可以记录在测量记录纸带或其他数据记录载体上。数据需要远程传输至中央监控系统（通常位于污水处理厂内），该管理方法尤其有益于即时反馈调蓄池故障和运行情况，以及有针对性地排空调蓄池等操作。

对于其他次要调蓄设施，可定期评估调蓄设施的设计计算参数（例如，不渗透面积、雨水径流排放比例等），判断当前是否仍然适用。

10.3.4 其他档案记录

日常运行管理记录应核对如下内容：
——对调蓄池进行排查的时间；
——底泥的产生量、清理时间和清理方法；
——配件和控制装置检查、维护的内容与时间；
——监测装置检查测试和校准调试的内容与时间；
——记录特殊事件发生的时间和详细情况。

可购买通用的雨水调蓄池运行与维护信息记录表（Hirthammer，1989）。

第11章 计算实例

11.1 本地条件

计算实例的排水系统关系如图 11.1 所示，商业与生活污水量详见图内表格中"居民人口数"一栏，其消耗水量（w_s）为 180L/（人·d）。

1 号排水分区位于整个排水系统的远端，通过一座容积为 2000m³ 的雨水调节池与合流制排水分区相连。从调节池开始蓄水到发生溢流计算，该调节池的平均截流能力为 100L/s。

2 号排水分区中包括商业用地，污水浓度高。该区域内设置有 1 处雨季溢流井，即 SO1。

3 号排水分区接收 2 号排水分区雨季溢流井 SO1 的截流水量，同时设置有另一处雨季溢流井，即 SO2。

4 号排水分区接入 1 座初期雨水调蓄池，该调蓄池须通过泵排空。4 号排水分区的现状截流能力为 2 倍旱季污水高时流量与日均外水流量之和。

5 号排水分区采用分流制排水系统，其污水主干管接入 6 号排水分区的合流制系统。

6 号排水分区接收上述所有排水分区中溢流控制设施截流的合流污水水量。在该排水分区计划建设一座过流池，截流合流污水接入污水处理厂处理。

污水处理厂的生物处理工艺能够处理 98L/s 的合流污水。其旱季实测进水平均 COD 浓度为 475mg/L。

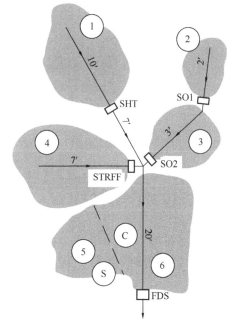

说明
C：合流制排水分区；
S：分流制排水分区；
$h_{pr} = 722mm$；
$w_s = 180L/(人 \cdot d)$；
x：用水时间；
c_w：污水污染物浓度。

名称	单位	1	2	3	4	5	6	总计
居民人口数	人	2240	550	420	1350	1100	5600	11260
A_{is}	hm²	14	3	4	10	—	35	66
t_f	min	10+7	2	3	7	—	20	37
SG	—	1	2	2	2	—	1	1.26
x	h							13.8
Q_{w24}	L/s	4.7	1.1	0.9	2.8	2.3	11.7	23.5
Q_{rS24}	L/s	—	—	—	—	2.3	—	2.3
Q_{iw24}	L/s	1.4	0.3	0.4	1.0	1.0	3.5	7.6
Q_{dw24}	L/s	6.1	1.4	1.3	3.8	3.3	15.2	31.1
$\sum Q_{dw24}$	L/s	6.1	1.4	2.7	3.8	3.3	31.1	31.1
Q_{wx}	L/s	9.3	2.0	1.8	5.6	4.6	17.7	40.8
Q_{dwx}	L/s	10.7	2.3	2.2	6.6	5.6	21.0	48.4
$\sum Q_{dwx}$	L/s	10.7	2.3	4.4	6.6	5.6	48.4	48.4
Q_t，Q_{cw}	L/s	100	50	105.5	12.3	—	98	98
q_r	L/(s · hm²)	6.7	16.2	14.6	0.85	—	0.98	0.98
c_w	mg/L	600	1200	600	600	600	600	629
c_{dw}	mg/L	462	951	412	443	418	462	475
$\sum c_{dw}$	mg/L	462	951	698	443	418	475	475

图 11.1　排水分区关系示意以及各分区主要计算参数

11.2　所需调蓄总容积的计算

首先，应确定污水处理厂所在完整排水分区的溢流总量许可排放率。计算过程如下（括号中是所用公式在本指南中的公式编号）：

依据式（6.4），$Q_{w24}=11260\times180/86400=23.5\text{L/s}$

依据式（6.5），$Q_{wx}=23.5\times24/13.8=40.8\text{L/s}$

依据式（6.4），$Q_{dw24}=23.5+7.6=31.1\text{L/s}$

依据式（6.5），$Q_{dwx}=40.8+7.6=48.4\text{L/s}$

依据式（6.6），$Q_{rS24}=1100\times180/86400=2.3\text{L/s}$

依据式（6.16），$c_{dw}=629\times23.5/31.1=475\text{mg/L}$

根据上述水量和污染物浓度参数，应用计算表格（附录 3），计算结果如下：

——进厂雨水入流流量

依据式（6.7），$Q_{r24}=98-31.1-2.3=64.6\text{L/s}$

——单位面积旱季污水量

依据式（6.14），$q_{dw24}=31.1/66=0.471\text{L/(s·hm}^2)$

——单位面积雨水入流流量

依据式（6.15），$q_r=64.6/66=0.979\text{L/(s·hm}^2)$

基于汇流时间的雨水入流流量调整系数

依据式（6.13），$a_f=0.5+50/(37+100)=0.865$，取 a_f 的最小值为 0.885

——发生溢流时的合流污水平均流量

依据式（6.12），$Q_{ro}=0.885\times(3.0\times66+3.2\times64.6)=358\text{L/s}$

——溢流污水平均雨污混合比例

依据式（6.17），$m=(358+2.3)/31.1=11.6$

——污染物浓度调整系数

依据式（7.2），$a_p=475/600=0.792$，最小值不小于 1.0

——年降雨总量调整系数

依据式（7.3），$a_h=722/800-1=-0.097$

——管网沉积调整系数根据图 7.1 或附录 4 得出

依据式（7.4），$x_a = 24 \times 31.1/48.4 = 15.4$

——假设管网的平均坡度（SG_m）为 1.26，在图 7.1 左图中沿纵轴找到单位面积旱季污水量（q_{dw24}）0.471L/(s·hm²)对应斜率的直线，延长连线至右图找到（$x_a = 15.4$）所对应的横轴取值，即可得到管网沉积调整系数（a_a）为 0.372。

——调整后旱季污水污染物浓度

依据式（7.5），$c_{dc} = 600 \times (1.0 - 0.097 + 0.372) = 764\text{mg/L}$

——溢流污水污染物设计浓度

依据式（7.6），$c_{cc} = (107 \times 11.6 + 765)/(11.6 + 1) = 159\text{mg/L}$

——溢流总量许可排放率

依据式（7.7），$e_o = 3700/(159 - 70) = 41.5\%$

该计算结果表明，污水处理厂能够处理的最大平均合流污水中，包括 67L/s 的雨水径流和 31L/s 的旱季污水流量。该数值减去分流制区域 2.3L/s 的雨水入流流量，则合流制系统可排放约 65L/s 的雨水径流，折算为单位面积雨水入流流量为 0.98L/(s·hm²)。根据图 7.2 或附录 4，可计算出此处所需单位面积调蓄容积与调蓄总容积分别为：

$$V_s = 21.6\text{m}^3/\text{hm}^2$$
$$V = 1426\text{m}^3$$

11.2.1 简化容积分配法

计算前，应首先确定当前条件是否满足使用简化容积分配法的适用范围（见第 8.1.2 节）。

雨季溢流调蓄池对应的雨水径流量和单位面积雨水入流流量分别为：

依据式（6.8），$Q_{r24} = 100.0 - 6.1 - 0.0 = 93.9\text{L/s}$

依据式（6.15），$q_r = 93.9/14.0 = 6.7\text{L/(s·hm}^2)$

计算得到的单位面积雨水入流流量高于简化容积分配法所要求的最小流量 5L/(s·hm²)。同时，由于调蓄池上游溢流设施数量也满足适用范围要求，而且上游所有雨水调蓄池均根据本指南设计，因此该系统可以应用简化容积分配法进行计算。

根据本指南中的初期雨水调蓄池的计算方法，可得出单位面积调蓄容积为 18.5m³/hm²，总调蓄容积为 185m³。排空泵站的排空能力应设计为 12.3L/s，即 45m³/h 的流量。

由此可计算出过流池的容积：

总调蓄容积：$V=1426m³$

初期雨水调蓄池：$V=185m³$

过流调蓄池：$V=1241m³$

11.2.2　负荷验证法

该案例中的管网系统结构可以概化为图 11.2 所示的系统框图。基于系统关系，该框图进一步划分了 18 个子排水分区与 31 个计算管段，并对部分近似区域和精细管网系统进行了大量合并和简化。

本例中的管网概化程度很高，仅摘录了大管径的主干结构，管网精细程度较实际管网模拟计算要低得多。本例应用实证法，需要注意如下特点：

——由于该排水系统的初期雨水调蓄池的单位面积雨水入流流量超过 5L/(s·hm²)，因此在采用简化分配法计算时，根据第 8.1.2 节的相关要求，该调蓄容积不计入系统内雨季溢流调蓄池池容的计算中。

——部分串联管段在概化过程中，可能存在局部过流能力不足的情况。

图 11.3 给出了应用负荷验证法的主要步骤，并粗略展示了系统应用的水文和水力学计算方法。

计算管段及排水分区详细计算参数见表 11.1。

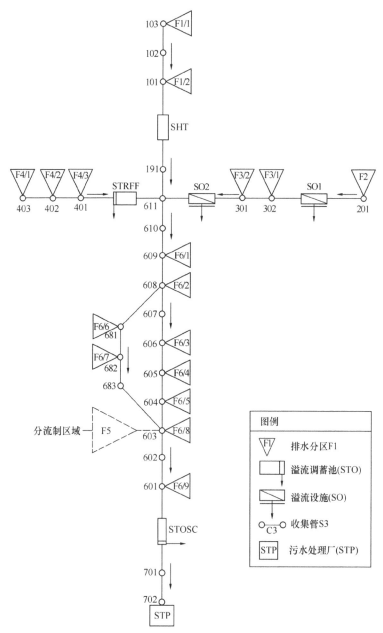

图 11.2 排水分区系统框架

用于水力计算的排水系统参数　　　　表 11.1

编号	管网节点编号		长度	坡度	DN	Qv	概化分区	Ais	SG	DN	Qv
										先期计算采用数据	
	上游	下游	(m)	(‰)	(mm)	(L/s)		(hm²)	—	(mm)	(L/s)
1	103	102	120	5.0	600	433	F1/1	8.0	1	800	924
2	102	101	120	5.0	700	650		0.0	—	1000	1663
3	101	SHT	120	5.0	800	924	F1/2	6.0	1	1000	1663
4	SHT	191	250	8.0	300	88		0.0	—	1000	2105
5	191	201	250	8.0	400	187		0.0	—	1000	2105
6	201	SO1	100	5.0	400	148	F2/1	3.0	2	600	433
7	SO1	302	50	5.0	300	69		0.0	—	600	433
8	302	301	50	7.0	400	175	F3/1	2.0	2	700	770
9	301	SO2	40	7.0	500	316	F3/2	2.0	2	700	770
10	SO2	403	10	20.0	300	138		0.0	—	700	1303
11	403	402	140	7.0	500	316	F4/1	4.0	2	600	512
12	402	401	120	7.0	500	316	F4/2	4.0	2	800	1094
13	401	STRFF	50	7.0	700	770	F4/3	2.0	2	800	1094
14	STRFF	611	20	5.0	300	69		0.0	—	900	1260
15	611	610	150	3.0	600	335		0.0	—	1400	3116
16	610	609	180	3.0	600	335		0.0	—	1400	3116
17	609	608	100	3.0	700	503	F6/1	4.0	1	1600	4424
18	608	607	210	3.0	700	503	F6/2	4.0	1	1600	4424
19	607	606	190	3.0	700	503		0.0	—	1600	4424
20	606	605	100	3.0	900	975	F6/3	3.0	1	1600	4424
21	605	604	150	3.0	900	975	F6/4	2.0	1	1800	6025
22	604	603	210	3.0	1000	1287	F6/5	8.0	1	1800	6025
23	608	681*	100	7.0	400	175		0.0	—	—	—
24	681	682	80	7.0	400	175	F6/6	3.0	1	500	316
25	682	683	170	7.0	500	316	F6/7	2.0	1	600	512
26	683	603	100	7.0	500	316		0.0	—	700	770
27	603	602	250	3.0	1200	2079	F6/8	5.0	1	1800	6025
28	602	601	220	3.0	1200	2079		0.0	—	2000	7940
29	601	STOSC	110	3.0	1200	2079	F6/9	4.0	—	2000	7940
30	STOSC	701	50	4.0	400	132		0.0	—	400	132
31	701	702	50	4.0	400	132		0.0	—	400	132

* 根据先期计算中虚拟调蓄池位置匹配。

注：表中现状管网数据包括所有溢流控制设施；
　　表中先期计算采用概化管网数据，不包括所有溢流控制设施。

73

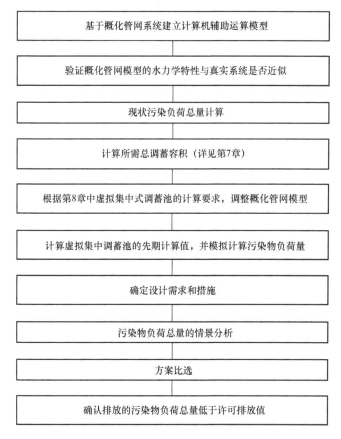

图 11.3　负荷验证法计算步骤

11.2.2.1　基于水文演算的模型方法

图 11.4 所示为基于模型方法计算污染负荷的管网系统概化示意图，概化管网系统以虚拟的集中式调蓄池为假设条件进行先期计算。图 11.5 的系统概化示意图，包括了具体的溢流控制设施，用于核算现状或规划中管网的当期或规划溢流控制设施的污染负荷控制效果。上述两种情况在概化系统时，都包括了全部 6 个排水分区、溢流设施的所有构筑物，以及系统中的各设施的连接关系。

11.2.2.2　基于水文水力演算的模型方法

采用基于水文水力演算的污染物负荷模型，需要比水文学演算

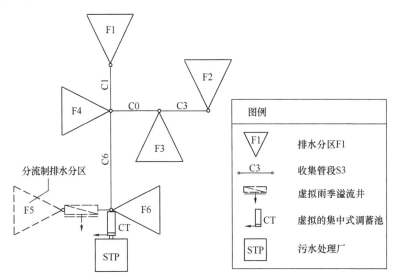

图 11.4　用于先期计算许可溢流污染负荷的概化模型
（基于水文演算的模型方法）

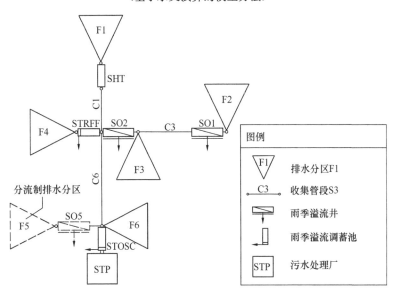

图 11.5　用于具体分配设施规模的概化模型
（基于水文演算的模型方法）

75

的模型方法更详细的管网信息，图 11.2 所示为该条件下的概化管网结构。

为了获得先期基于模型方法计算的溢流排放污染负荷理论值，需假定现状没有溢流控制设施。因此，为了保证计算中排水管网无壅水现象，需将模拟中的管径增大，将所有混合污水都引入在污水处理厂前虚拟的集中式调蓄池中。

表 11.1 中给出了在其他参数不变的前提下，单位面积雨水入流流量为 $r_{15(1)} = 100\text{L}/(\text{s} \cdot \text{hm}^2)$ 时，估算出的管径。此外，简化现有管网连接方法有利于简化初步计算，例如将图 11.2 中 608～681 段断开。

负荷验证法计算规划或现状管网，应包括所有构筑物的详细参数，可以参考图 11.2 对系统进行概化。

11.2.2.3 计算结果

负荷验证法计算得出的最重要成果见表 11.2 所示。表 11.2 中的数据既可以来自水文学计算方法，也可以来自水力学计算方法。除此之外，负荷验证法可核算整个系统或某个单项设施的溢流污染负荷情况，例如溢流总量、溢流污染负荷、溢流时长和频率等。此外，还可引入其他污染物参数进行计算。

负荷验证法主要设施规模及污染负荷指标计算结果　　**表 11.2**

设施参数							溢流特征参数			
设施编号	容积 (m^3)	Q_t (L/s)	q_r $[\text{L}/(\text{s} \cdot \text{hm}^2)]$	t_e (h)	n_e $(1/\text{a})$	T_o (h)	VQ_o (m^3)	Pl_o (kg)	c_{cc} (mg/L)	m_{min} *
SHT	2000	100	6.7	5.9	1	0.2	116	20	130	14
SO1		50	16.2		45	11	2313	290	125	35
SO2		105.5	14.6		45	12	3189	380	120	38
STRFF	185	12.3	0.85	6.0	84	128	23801	3150	132	12
SO5		5.6			不计入					
STOSC	1241	98.0	0.98	5.3	56	149	98289	14110	144	9
合计	**1426**	**98.0**	**0.98**				**127708**	**17950**	**141**	
虚拟集中式调蓄容积	1426	98.0				119	130481	18280	140	10

* 溢流井的最低溢流污水雨污混合比例根据式（9.2）计算，雨水调节池根据式（9.5）计算。

11.3　雨季溢流设施的设计计算

11.3.1　雨季溢流井 SO1

雨季溢流井 SO1 计算如下：

依据式（9.1），$r_{crit}=15\times120/（2+10）=14.8L/(s\cdot hm^2)$

依据式（6.9），$Q_{rcrit}=14.8\times3=44.3L/s$

依据式（6.5），$Q_{dw24}=1.4L/s$

依据式（6.10），$\sum Q_{t,i}=0.0L/s$

依据式（6.10），$Q_{t,SO1}=44.3+1.4+0.0=45.7L/s$

出于实施建设原因，截流流量至少为 50L/s，因此以截流能力为 50L/s 计算（见第 10.1.1 节），可得：

最低混合比例

依据式（9.2），$m_{SO1}=（951-180）/60=12.9$

验证实际混合比例如下：

依据式（9.2），$m_{SO1}=（50-1.4）/1.4=34.7>12.9$

即，此设计满足最低混合比例要求。

11.3.2　雨季溢流井 SO2

雨季溢流井 SO2 所应用的计算公式与 SO1 相同：

依据式（9.1），$r_{crit}=15\times120/(3+10)=14.6L/(s\cdot hm^2)$

依据式（6.9），$Q_{rcrit}=14.8\times4.0=58.5L/s$

依据式（6.5），$Q_{dw24}=1.3L/s$

依据式（6.10），$\sum Q_{t,i}=45.7L/s$

依据式（6.10），$Q_{t,SO2}=58.5+1.3+45.7=105.5L/s$

计算时，由于 3 号排水分区承接上游 2 号排水分区溢流井截流的水量，所以不应用实际截流能力 50L/s，而应使用理论要求截流能力 45.7L/s（见第 6.2.7 节）。由此计算出的最低混合比例为：

依据式（9.2），$m_{SO2}=(698-180)/60=8.6$

实际的混合比例为：

依据式（9.2），$m_{SO2} = (105.5 - 2.7)/2.7 = 38.1 > 8.6$

由此可见，此溢流井溢流时，对污水的稀释满足要求。

第 12 章　术语和符号

英语符号	德语符号	单位	术语
A_{CA}	A_{EK}	hm^2	排水分区面积
A_{is}	A_u	hm^2	不透水面积
A_{red}	A_{red}	hm^2	硬化面积
a_a	a_a	—	管网沉积调整系数
a_c	a_g	h	商业排水户每日排水时长
a_f	a_f	—	基于汇流时间的雨水入流流量调整系数
a_h	a_h	—	年降雨总量调整系数
a_i	a_i	h	工业排水户每日排水时长
a_p	a_c	—	污染物浓度调整系数
b_c	b_g	d	商业排水户年均生产天数
b_i	b_i	d	工业排水户年均生产天数
COD	CSB		化学需氧量
CT	VB		复合池
c	g		商业排水户相关缩写
c_{cc}	c_e	mg/L	合流制溢流污水污染物设计浓度（以 COD 计）
c_{dc}	c_b	mg/L	旱季污水污染物设计浓度（以 COD 计）
c_{dw}	c_t	mg/L	旱季污水污染物平均浓度（以 COD 计）
c_r	c_r	mg/L	雨水径流污染物平均浓度（以 COD 计）
c_{tp}	c_k	mg/L	雨季污水处理厂尾水污染物平均浓度（以 COD 计）

英语符号	德语符号	单位	术语
c_w	c_s	mg/L	生活污水与工业废水污染物平均浓度（以 COD 计）
DW	TW		旱季
d	h		居民排水户的相关缩写
e	e	%	全年溢流总量排放率
e_o	e_o	%	许可全年溢流总量排放率
FDS	TB		截流设施
h_{Pr}	h_{Na}	mm	多年平均年降雨总量
$h_{Pr,eff}$	$h_{Na,eff}$	mm	有效年降雨总量
I	EZ		居民人口数（或者居住区人口数）
i	i		工业排水户的相关缩写
J_T	J_g	%	地面坡度
$MLWQ$	MNQ	L/s	受纳水体枯水期平均补水流量
m	m	—	溢流污水平均混合比例
m_{SO}	$m_{RÜ}$	—	雨季溢流井最低混合比例
m_{STO}	$m_{RÜB}$	—	雨季溢流调蓄池最低混合比例
OSSC	KÜ	—	过流池过流排放通道
PL_o	SF_e	kg	年溢流污染物总量
Pl_r	SF_r	kg	年雨水径流污染物总量
Pl_{tp}	SF_k	kg	经污水处理厂处理的年雨水径流污染物总量
Q	Q	L/s	流量
Q_{c24}	Q_{g24}	L/s	日均商业污水流量
Q_{crit}	Q_{krit}	L/s	合流污水设计流量
Q_{cw}	Q_m	L/s	污水处理厂雨季合流污水入流量
Q_{d24}	Q_{h24}	L/s	日均生活污水流量

英语符号	德语符号	单位	术语
Q_{dw24}	Q_{t24}	L/s	日均旱季污水管网流量
Q_{dwx}	Q_{tx}	L/s	旱季污水管网高时流量
Q_{i24}	Q_{i24}	L/s	日均工业废水流量
Q_{iw}，Q_{iw24}	Q_f，Q_{f24}	L/s	旱季平均外水流量，日均旱季外水流量
Q_{OS}	$Q_{KÜ}$	L/s	过流池的过流流量
Q_w	Q_s	L/s	旱季污水流量
Q_{wx}	Q_{sx}	L/s	旱季污水高时流量
Q_{r24}	Q_{r24}	L/s	合流制系统的日均进厂雨水入流流量
Q_{rcrit}	Q_{rkrit}	L/s	合流制排水分区雨水设计流量
Q_{ro}	Q_{re}	L/s	发生溢流时的雨水平均入流流量
Q_{rS24}	Q_{rT24}	L/s	分流制系统污水管网的日均雨水入流流量
Q_t	Q_d	L/s	合流制系统截流流量
Q_{TO}	$Q_{BÜ}$	L/s	调蓄池溢流通道流量
Q_{w24}	Q_{s24}	L/s	日均旱季污水流量
Q_{wS24}	Q_{sT24}	L/s	分流制系统的日均旱季污水流量
q	q	L/(s·hm²)	单位面积流量
q_{dw24}	q_{t24}	L/(s·hm²)	单位面积日均旱季污水流量
q_r	q_r	L/(s·hm²)	单位面积雨水入流流量
r_{crit}	r_{krit}	L/(s·hm²)	单位面积雨水入流设计流量
SG	NG	—	地面平均坡度分组
SG_m	NG_m	—	排水分区地面平均坡度分组
SHT	RRB	—	雨水调节池
SO	RÜ	—	雨季溢流井
SSCBO	SKU	—	后端溢流调蓄管涵

英语符号	德语符号	单位	术语
SSCO	SK	—	调蓄管涵
SSCTO	SKO	—	前端溢流调蓄管涵
STO	RÜB	—	雨季溢流调蓄池
STOSC	DB	—	过流池
STP	KA	—	污水处理厂
STRFF	FB	—	初期雨水调蓄池
TO	BÜ	—	调蓄池溢流通道
T_o	T_e	h	全年溢流总时长
t_e	t_e	h	调蓄池理论排空时间
t_f	t_f	min	汇流时间
V	V	m^3	总量或容积
VQ_o	VQ_e	m^3	全年合流制溢流总量
VQ_r	VQ_r	m^3	进入合流制系统的全年雨水径流总量
V_{SSCBO}	V_{SKU}	m^3	后端溢流调蓄管涵的有效调蓄容积
V_s	V_s	m^3/hm^2	单位面积调蓄容积
$V_{s,min}$	$V_{s,min}$	m^3/hm^2	单位面积最小调蓄容积
V_{stat}	V_{stat}	m^3	排水管网调蓄容积统计值
v_{dw}	v_t	m/s	旱季管道流速
v_f	v_v	m/s	满管流流速
W_s	W_s	$L/(L \cdot d)$	人均日用水量
x	x	h	用水时间计算值（详见 ATV-A 118）
x_a	x_a		峰值调整系数

附录 1 关于超常规要求的说明

ATV 2.1.1 工作组所提交的《关于流动性水体相关的合流制区域的超常规要求的技术原则和决策辅助》由以下人员参与编写：

Borchardt，生物学硕士，卡塞尔

Brunner，教授，工程学博士，卡尔斯鲁厄

Krejci，工程学硕士，杜塞尔多夫（CH）

Mauch，自然学博士，奥格斯堡

Sperling，主席，工程学硕士，埃森

Statzner，具有德语国家教授认证资格的自然学博士，埃森

Stotz，工程学博士，斯图加特

Winter，工程学博士，不来梅

Wolf，教授，工程学博士，卡塞尔

ATV-A 128 明确了雨季溢流设施的常规要求。如果符合这些常规要求，且相关水域没有其他特殊的保护或管理要求时，可以推断为雨季溢流设施不会对受纳水体的水资源利用产生重大的不利影响。

原则上，应统筹考虑污水处理厂排放尾水与合流制溢流。但对超常规要求来说，确定污水处理厂尾水排放要求要考虑的因素与溢流排放要求不完全一致。因此，工作组认为，应避免两者直接关联、转换。

ATV 2.1.1 工作组（当时）正在起草一份工作报告，确定排放到流动水体的超常规要求，本附录提前提供如下信息。

保护或管理需求

合流制溢流超常规要求的类型和适用范围一般基于水务管理目标制定。如果流动水体有保护或管理的特殊需求，须详细评估、证

明制定超常规要求的必要性。尤其对于如下情况，更需要进行评估：

——对于已发布且包含具体指标设定的水务管理计划；

——合流制溢流排放的指标明显超出了污水处理厂尾水的最低排放标准；

——合流制溢流排放会导致受纳水体水质受到严重危害。

影响

本章概述了合流制溢流对流动水体潜在影响的分类、污染物类型和指标。其影响简述如下。

合流制溢流引发的峰值流量陡增现象，可能导致河床不稳定并搅动河床沉积物（如悬浮物和沉积物）。较高的流速会使河床结构发生变化，这些变化对无脊椎动物（鱼类食物）及鱼类构成生存威胁，依托河床而生的有机物可能因此被冲走甚至死亡。水体形态和河床类型决定了陡增的流量是否会引发剪切应力的变化。同时，即便在冬季，河床结构的变化对于生态方面的影响也很显著。

如果含氧量（DO）低于限值，或者氧气会在单位时间内消耗过快，则合流制溢流中的耗氧物质会直接对流动水体内的生物形成危害。合流制溢流影响下，水中的沉积物因搅动而再次悬浮，也会延迟产生耗氧作用。而水体的水质越好就意味着，与水质等级对应的生态系统所需的氧平衡越不应受到干扰。

悬浮物和沉积物会影响沉积区的生态系统结构（进而影响腐化指数）。它们无论是作为直接的污染因素（河床底部板结、影响水中光线等），还是作为污染物的载体（如重金属、多氯联苯），都对生态系统产生长期和短期的负面影响。当浊度伴随流速而突然变化时，就可以观察到这些负面影响，如非正常时间内生物死亡等。

协同作用：在高流速状态下，水中固体物质的运动方式如同"喷砂处理"。不同于自然形成的洪水（通常逐渐达到高流速），合流制溢流排放可能突然形成高流速。如果河床具备充足的孔洞和鳞隙，许多生物在洪水中就不会被迫迁移，而得以幸存。但在溢流排放的高流速冲击下，这些生物则难逃一劫。如果同时考虑溢流中污染物的影响，因溢流而增加的沉积物会填满河床的孔洞和罅隙，原有的生物避难空间也将无法再发挥保护作用，从而导致生物栖息地消失。

众所周知，氨的毒性剧烈，这在合流制溢流后发生的鱼类死亡事件中也已得到证实。但氨对敏感生物体（如鱼苗）的长期毒性影响还未被记录。

污水一般都会携带病原菌，尤其是合流制溢流中未经处理的污水，这些病原菌在自然流动的水体中能在一定时间内保持活性和致病能力。

据报道，矿物油的有害影响日益加大，其主要危害发生在水体表面和水体与河床的接触面。

近期大量针对地下管道内壁生物膜的研究结果指出，与其相关的重金属可能与溢流中的颗粒物存在关联。但应注意的是，经溢流冲刷带走的管壁生物膜会很快沉积在调节水域内。

上述效应同样作用于有机微污染物（如氯化烃、多环芳烃），会产生有害影响的污染物包括三氯乙烯（Tri）、四氯乙烯（Per）、多氯联苯（PCB）和其他溶剂。这些污染物在譬如管道内壁生物膜、管内沉积物和亲脂性物质中，通过如吸附作用等富集方式生成。推测可能会通过食物链造成间接致死效应。

来自合流制溢流的氮磷等营养物质虽然可能在长期影响中占比不大，但在每年的某些时段，可能会对溢流点周边产生富营养化等短期影响（如德国北海的富营养化水质污染事件）。

此外，在生物活性较高的时期（植被生长期、产卵期），合流制溢流的有害影响可能比其他时期更加明显。

评估标准

出现以下情况时，需对应用超常规要求进行评估：

（1）水体的自净能力相比所对应排水分区的潜在受污染程度明显不足。

例如，应考虑受纳水体中的物质转输和物质转化，对排水分区的排放量与受纳水体中枯水期流量的比例关系进行评估，并以此作为判断标准。

（2）相关污染物的浓度或负荷与受纳水体的用水需求不匹配。

例如，流域存在重度污染源或受纳水体需满足特殊用水需求（如游泳水域）时，可能出现上述情况。

（3）最大排放量会导致河床结构发生变化。

如果最大排放量使河床结构发生变化，会导致排水通道受阻。出于水利工程安全的考虑，必须限制溢流排放量。比如，对相关排水分区的最大总流量与洪水流量（一年一遇降雨条件下的最大设计流量与相同重现期时的受纳水体洪水流量）进行对比，作为合理的判断标准。

（4）流动水体内生物庇护空间消失。

该情况通常出现于如下情景中：溢流造成河床流速过高，使河床原有的孔隙结构和静水水域消失，无法再为该水域内的典型水生生物提供庇护场所。

（5）除缺失避难空间外，迁徙性水生生物失去上下游之间的洄游通道。

对于迁徙性水生生物来说，如果迁徙通道上出现障碍物（如跌水设施遭到破坏）或典型环境特征（如温度）发生变化，都会阻碍其在上下游之间的正常洄游，从而无法在此水域栖息。

措施

与减少因污染造成的环境影响相比，更应该优先采取从源头解决问题的措施。原则上可采取如下措施：

（1）针对排水分区的措施，例如：

——增加下渗设施、地表调蓄设施、绿色屋顶，以及减少硬化路面；

——尽可能减少源头有害物质；

——通过特殊设计计算的措施有针对性地截留污染物（如在私

入管网区域通过在线降雨监测控制的污水调蓄设施实现污染控制）；

——如有必要，将雨水径流分流至其他水体或排水分区。

（2）针对排水管网系统的措施，例如：

——在雨季溢流设施发生溢流但还未排入水体前，设置经过特殊设计计算的过流通道，有针对性地截留污染物；

——通过设置调蓄设施或其他径流控制措施，增加雨水径流的调蓄量；

——在总体排水规划中考虑设置更多的分散型调蓄空间，尤其是在用地紧张的私人管网区域。

（3）针对受纳水体的措施，例如：

——在溢流排放设施下游的水体中改善河床及堤岸结构，为水生生物提供庇护空间；

——为水生生物创造上下游之间畅通的洄游和迁徙通道；

——在排放到水体之前，在排放设施下游设计建造特殊形态的过流通道，实现有针对性的延时排放；

——在雨水溢流设施发生溢流但还未排入水体前，利用经过特殊计算设计的排放设施，实现有针对性的延时排放或减慢河床流速（即水流剪切力）；

——改善有机物质的降解效率。

在评估为减少溢流产生的污染及水力影响而在水体内外设计实施的各项措施时，建议咨询有相关经验的河流生态学家。

后续工作计划

ATV 2.1.1 工作组的首份工作报告当时即将发布，其中包括应对不同情况的比选方法。借助报告中所述方法，可界定不同的设计条件，继而选择不同的超常规措施。

该方法考虑了污染及水力影响，同时还反映了山地水体、平原水域、蓄滞区及潮汐水域等不同条件的差异。相关示例中将解释其使用方法。

附录 2　污染负荷计算方法

1. 基本情况

　　所有污染物负荷计算方法都是在模拟降雨、产汇流和物质转输的过程。因此，原则上，在计算中可以应用物质平衡和水量平衡的基本原理。

　　关于通过计算方法适用性的详细信息，均可在 1988 年版的 ATV AG 1.9.3 文件中查阅，如：①应用目标；②系统结构的量化运算；③必要或需要参与计算的基础参数；④负荷验证可采用的实证方法；⑤对受纳水体做出的相关推断等。

2. 基于经验公式的水文计算法

　　本地降雨 IDF 曲线可以反映多年平均的降雨特征。根据这一数据，可以基于水文学的基本方法计算本地的水量参数。而关于地表雨水径流的污染浓度的相关计算，则按照有效降雨所产生的径流总量全部进入管网为假定条件，采用简化的水文方法（如防洪规划）进行计算。

　　如果采用经验公式，每场降雨事件中的污染物浓度及其随时间变化的过程都需要单独计算。因此，实际上是排水管网在"平均"的初始参数条件下，以"平均"污染物负荷，运算模拟"平均"结果的过程。

　　本地降雨 IDF 曲线所涵盖的模拟降雨雨型（包括重现期、降雨历时），可以对应转换为溢流量的特征参数。其中不考虑部分子系统的非线性转换，以及由此产生的统计数据的区别。

　　这种计算方法是以假定的、根据统计数据得到的降雨 IDF 曲线为基础进行运算，因此，得出的运算结果也是一种近似于"平均值"的工况和运算结果。由于溢流的特征参数是从模拟降雨推导而来，且采用的是假定的污染物平均浓度，因此，该方法只能通过长期监测数据来进行校验。

3. 数学模型

数学模型尝试通过数学方法重现局部系统、产汇流过程中的各阶段细节（详见 ATV-AG 1.9.3，1986 年版），并实现各部分子系统的连续计算。

数学模型可将本地实测的降雨序列数据，按实际降雨的时间顺序作为变量输入模型。之后，采用可率定的水文学和水力学方法，分别模拟地表和管网中产生的径流。

通过分别模拟，污染负荷计算的数学模型可根据相关的产汇流的计算结果，不同程度地再现物质转输过程。而且可以通过本地实测数据推导出模型的输入数据和确定模型参数。如果无本地实测数据可用，则须借鉴同类型区域的相似经验参数。

如果需要模拟下垫面的污染物累积并排入管网的过程，则需要不同的算法。算法应综合考虑各项影响因素，如旱季时长、所处季节、交通量、建（构）筑物结构、用地性质及下垫面组成、道路清洁和冬季除雪除冰等。

污染物冲刷的过程也可以通过各种经验算法来进行模拟。不同算法之间的主要区别在于系统可以模拟的精细程度不同：有些算法会将地表和管网合并运算，有些算法可以将两者分开运算；有些算法能够基于单场降雨事件进行运算，而有些算法则不是基于单场降雨事件进行计算的。对污染物冲刷过程起决定性影响的因素包括：坡度、粗糙度、下垫面结构、管网结构、降雨强度和单位面积入流量等，以及受上述因素影响的径流转输能力。

计算污染物累积和冲刷的算法结果，迄今为止，只能通过模拟区域的单独实测来进行数据验证。

污染物的转输过程，要么直接模拟为推流式反应器，要么就将转输路径整体模拟为完全混合或者部分混合的反应器。

在使用实测数据进行率定后，第 3.1 节和第 3.2 节中涉及的数学模型就基本实现其功能，即能够模拟连续降雨，以及降雨某一时刻的产汇流过程和污染物负荷情况，也包括能实现不同子系统之间转输过程中，降雨某一时刻的排水系统的水量和水质情况。在模拟过程中，相关输入变量和模型参数的准确与否决定了计算结果的优劣。

3.1 基于水文演算的数学模型

基于水文演算的数学模型可以使用水文学方法分别模拟地表和管网中的径流汇集和排放过程。

地表径流中的污染物浓度可通过水文学方法（传递函数）进行模拟。在管网内流量转输时仅计算流量，而不计算水位。管网排放过程中的转输流量和调蓄量，通过传递函数进行处理，即假设管网水量转输量与降雨数据是线性关系，且不随时刻而变化。

同时，基于水文演算的数学模型的适用范围也很有限。如果在溢流设施中会发生回流或壅水现象，则应优先选择基于水力学计算的模型进行模拟。

3.2 基于水文水力演算的数学模型

对比基于水文演算的数学模型，基于水文水力演算的数学模型在管网系统中的转输流量计算、排水分区划分的精细程度和针对较高污染负荷的建模准确性方面有本质区别，尤其对于坡度较小、易壅水和交错密布的管网时，该方法的优势更为明显。

下垫面形成的径流的污染物浓度应采用水文学方法（传递函数）单独模拟，详见本附录第 3.1 节所述。

由于能同时计算流量及水位，因此水力学方法更适合对管网内的转输过程进行模拟。另外，水力学方法还能考虑诸如管网中特殊结构的影响、计算有效的管网容积，核查管网排水能力是否不足等情况。该方法基于假设条件，通过圣维南方程（运动方程和连续方程）的隐式差分法和显式差分法进行运算。为了节省计算时间，圣维南方程被部分简化。应该注意的是，忽略局部加速度或对流加速度会导致具有相反趋势的误差（参见 ATV-A 110）。

4. 污染物负荷计算方法的适用性

污染物负荷计算三种方法的适用性　　　　　　　附表 1

方法	基于经验公式的水文计算法	基于水文演算的数学模型	基于水文水力演算的数学模型
（1）应用目标			
雨季排放设施的布局和尺寸	＋	＋	＋
审查和修改总体方案	＋	＋	＋
确定单项措施的优先级	＋	＋	＋
量化溢流排放水量、时长及频率	o	＋	＋
制定管理方案	o	＋	＋
反映污染物的累积和冲刷	－	＋	＋
其他科研目的应用	－	o	o
（2）系统结构运算			
量化排水分区特征	o	＋	＋
量化管网特征			
——树状管网结构运算	＋	＋	＋
——网状管网结构运算	－	o	＋
——壅水现象	－	o	＋
特殊节点的水力学运算（泵站等）	－	o	＋
特殊构筑物的运行和建设（控制设备/闸阀等）	－	o	＋
（3）基础参数			
① 入流量相关基础数据			
统计得出的降雨数据			
——单场次降雨事件			
• i = 常量（降雨强度固定）	＋	＋	＋

方法	基于经验公式的水文计算法	基于水文演算的数学模型	基于水文水力演算的数学模型
• $i = f(t)$ （连续降雨雨型或降雨曲线）	o	+	+
——模拟降雨雨型序列	+	+	+
——当地真实降雨序列	+	+	+
实测降雨数据			
——单场降雨	—	+	+
——序列降雨	—	+	+
——长历时降雨	—	+	o
排水分区数据			
——Q_{dw} （计算流量）	+	+	+
——Q_{dw} （某一时刻或某一管段的流量）	o	+	+
——t_f （满管运行的汇流时间或峰值时间差）	+	—	—
——A_{is}	+	+	+
——其他数据 （坡度、居民人口数等）	+	+	+
管网数据			
——几何特征	+	+	+
——水力特征	—	o	+
相关参数			
—— 入流流量计算	+	+	+
——入流污染物浓度计算	o	+	+
受纳水体数据			
——随事件变化的水量计算 （t）	—	+	+
——随事件变化的水位计算 （t）	—	o	+
② 水质相关数据			
平均或本地的污染浓度，及随时间变化的污染浓度	+	+	+
根据随排水分区和时间变化的水质参数			
——污染物累积	—	+	+
——污染物冲刷	—	+	+

方法	基于经验公式的水文计算法	基于水文演算的数学模型	基于水文水力演算的数学模型
——污染物的转输过程	—	+	+
受纳水体的背景污染值	—	o	o
（4）负荷验证参数			
可进行验证			
—溢流排放平均值数据			
• 年径流总量（%）	+	+	+
• 各类物质参数的年污染负荷计算结果（%）	+	+	+
——基于入流曲线计算的溢流量相关参数平均值	+	+	+
——由以上数据推导出的各类物质排放的频率、历时、排放量、污染负荷的统计性数据	o	+	+
各场次溢流事件计算和年均计算中，受纳水体的状况			
和背景污染负荷与溢流排放的关系运算	—	+	+
采用方法能够进行参数率定	—	+	+
可通过实测，验证计算结果			
——概况	+	+	+
——细节	—	+	+
（5）与水体相关的数据运算			
排入水体的年均污染物负荷运算			
——BOD_5/COD	+	+	+
——其他物质	+	+	+
其他污染相关参数运算（排放总量、时长、频率、污染负荷）	o	+	+
雨季溢流排放与水体的即时相互影响	—	+	+

注：＋可参考/可采用；
　　o有条件地参考/有条件地采用；
　　—不参考/不采用。

　　本附录的概述旨在明晰污染负荷计算所能采用的不同方法及其适用范围，以便选择适宜的方法来完成特定工作。在这一过程中有两点非常重要：一方面，必须明确要解决什么具体问题，这取决于有哪些可用的数据；另一方面，必须确定需要通过哪些必要的数据才能推导出有意义的结果。因此，1986 年版的文件阐述了针对不同需求的污染负荷建模方法的适用范围。

　　附表 1 中的信息描述了三种方法的基本适用范围，但并不意味着各个供应商提供的软件都一定能适用于表中对应的运算任务。而即便是同一种方法，针对不同的问题也可能采用不同的具体算法、不同的基础数据和不同的参数。这些算法、基础数据和参数的选择，既可以通过相关关系得出，也可以通过物理推导得出。因此，如果某种特定的污染负荷计算方法要作为能充分展示该类模型理念的典型算法或模型，应在具体情况下，对该方法对应的所有运算范围的适用性进行验证。

附录 3　合流制排水分区计算表

污水处理厂完整排水分区计算表			附表 2

项目名称：

污水处理厂		受纳水体	
年降雨总量	德国气象服务年鉴	$h_{Pr}=$	mm
不透水面积		$A_{is}=$	hm²
最长汇流时间	针对重要的排水分区	$t_f=$	min
排水分区平均坡度	$SG_m=\sum(A_{CA,i}\cdot SG_i)/\sum A_{CA,i}$	$SG_m=$	—
进厂合流污水流量	符合雨季生物处理要求	$Q_{cw}=$	L/s
日均旱季污水管网流量	包括合流制和分流制区域	$Q_{dw24}=$	L/s
旱季污水管网高时流量	包括合流制和分流制区域	$Q_{dwx}=$	L/s
分流制雨季入流流量	计为100%的分流制区域污水量	$Q_{rS24}=$	L/s
旱季污水污染物浓度	包括外水的年平均浓度值	$c_{dw}=$	mg/L
平均外水水量	包含在日均旱季污水流量中	$Q=$	L/s
污水处理厂峰值倍数	$n=(Q_{cw}-Q_{lw24})/(Q_{dwx}-Q_{iw24})$	$n=$	—
合流制分区雨水入流量	$Q_{r24}=Q_{cw}-Q_{dw24}-Q_{rS24}$	$Q_{r24}=$	L/s
单位面积雨水入流流量	$q_r=Q_{r24}/A_{is}$	$q_r=$	L/(s·hm²)
单位面积旱季污水流量	$q_{dw}=Q_{dw24}/A_{is}$	$q_{dw}=$	L/(s·hm²)
汇流时间调整系数	$a_f=0.5+50/(t_f+100)$；$\geqslant0.885$	$a_f=$	—
溢流时合流污水平均流量	$Q_{ro}=a_f\cdot(3.0+3.2\cdot q_r)\cdot A_{is}$	$Q_{ro}=$	L/s
溢流污水平均雨污混合比例	$m=(Q_{ro}+Q_{rS24})/Q_{dw24}$	$m=$	—
峰值调整系数	$x_a=24\cdot Q_{dw24}/Q_{dwx}$	$x_a=$	—
污染物浓度调整系数	$a_p=c_{dw}/600$；$\geqslant1.0$	$a_p=$	—
年降雨总量调整系数	$a_h=h_{Pr}/800-1$；$\geqslant0.25$；$\leqslant0.25$	$a_h=$	—
管网沉积调整系数	详见图7.1和附录4	$a_a=$	—
调整后旱季污水浓度	$c_d=600\cdot(a_p+a_h+a_a)$	$c_d=$	mg/L

项目名称：

污水处理厂		受纳水体	
合流制溢流污水设计浓度	$c_{cc} = (m \cdot 107 + c_d) / (m+1)$	$c_{cc} =$	mg/L
许可溢流总量排放率	$e_o = 3700 / (c_{cc} - 70)$	$e_o =$	%
单位面积调蓄容积	详见图 7.2 和附录 4	$V_s =$	m^3/hm^2
所需总调蓄容积	$V = V_s \cdot A_{is}$	$V =$	m^3

ATV-A 128

附录4 图7.1和图7.2相关的计算公式

通过管网平均坡度（SG_m）、日均旱季污水管网流量（Q_{dw24}，L/s）、旱季污水管网高时流量（Q_{dwx}，L/s）及单位面积旱季污水量 [q_{dw24}，L/(s·hm²)] 得出管网沉积物调整系数（a_a），相关计算公式如下：

$$dl = 0.001 \cdot [1 + 2 (SG_m - 1)]$$

$$x_a = 24 \cdot Q_{dw24} / Q_{dwx}$$

$$\tau = 430 \cdot q_{dw24}^{0.45} \cdot dl$$

$$a_a = (24 / x_a)^2 \cdot (2 - \tau) / 10$$

但 $a_a \geqslant 0$

通过单位面积雨水入流流量 [q_r，L/(s·hm²)] 及溢流总量许可排放率（e_o，%）得出单位面积所需调蓄容积（V_s，m³/hm²），相关计算公式如下：

$$H_1 = (4000 + 25 \cdot q_r)/(0.551 + q_r)$$

$$H_2 = (36.8 + 13.5 \cdot q_r)/(0.5 + q_i)$$

$$V_s = H_1/(e_o + 6) - H_2$$

但 $V_{s,min} \geqslant 3.60 + 3.84 \cdot q_r$

当 $q_r \leqslant [(48 / x_a - 1) \cdot Q_{dw24} - Q_{rS24}] / A_{is}$

适用范围：

$0.2 L/(s \cdot hm^2) \leqslant q_r \leqslant 2.0 L/(s \cdot hm^2)$，

$25\% \leqslant e_o \leqslant 75\%$，

$V_{s,min} \leqslant V_s \leqslant 40 m^3/hm^2$。

附录5 简化设计方法流程
(Th. Bettmann)

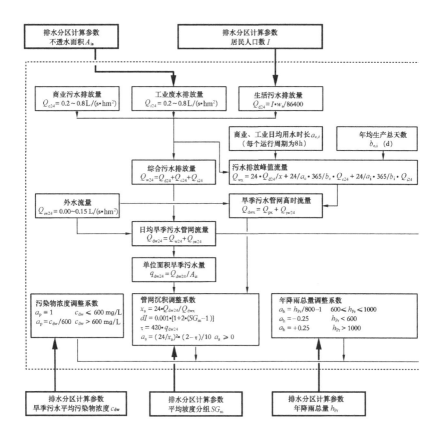

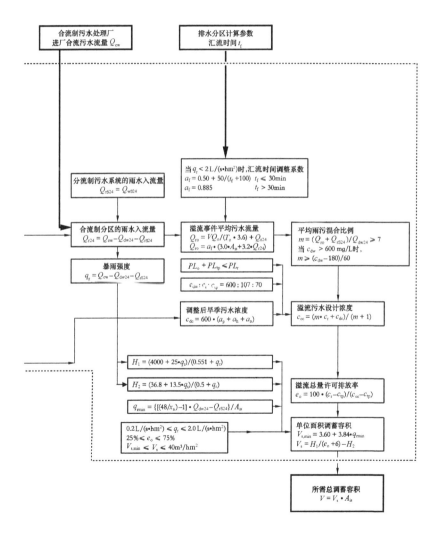

参考文献

ATV(77/1)   Arbeitsblatt A 128, Richtlinien für die Bemessung und Ge-staltung von Regenentlastungen in Mischwasserkanälen, GFA 1977.

ATV(77/2)   Arbeitsblatt A 118, Richtlinien für die hydraulische Be-rechnung von Schmutz-, Regen- und Mischwasser Kanälen, GFA 1977.

ATV(77/3)   Arbeitsblatt A 117, Richtlinien für die Bemessung, die Gestaltung und den Betrieb von Regenrückhaltebecken, GFA 1977.

ATV(83/1)   Arbeitsblatt A 115, Hinweise für das Einleiten von Abwasser in eine öffentliche Abwasser Anlage, GFA 1983.

ATV(83/2)   Arbeitsblatt A 105, Hinweise für die Wahl des Entwässerungsverfahrens (Mischverfahren/Trennver-fahren), GFA 1983.

ATV(84)   Arbeitsblatt A 119, Grundsätze für die Berechnung von Entwässerungsnetzen mit elektronischen Daten-verarbe-itungsanlagen, GFA 1984.

ATV(88)   Arbeitsblatt A 110, Richtlinien für die hydraulische Di-mensionierung und den Leistungsnachweis von Abwass-er Kanälen und Leitungen(GFA 1988).

ATV AG 1. 2. 4(85)   Arbeitsbericht "Abflußsteuerung in Kanalnetzen", Kor-respondenz Abwasser H. 5/1985.

ATV AG 1. 2. 6(86)   Die Berechnung des Oberflächenabflußes in Kanalnetz-modellen, Teil 1 - Abflußbildung. Arbeitsbericht de ATV-AG 1. 2. 6.

          " Hydrologie der Stadtentwässerung" gemeinsam mit dem DVWK, Korrespondenz Abwasser H. 2/1986.

ATV AG 1. 2. 6(87)   Die Berechnung des Oberflächenabflußes in Kanalnetz-mode-

	llen, Teil 2 - AbflußKonzentration. Arbeitsbericht de ATV-AG 1. 2. 6 "Hydrologie der Stadtentwässerung"

ATV AG 1. 9. 3(85)　　Veranlassung und Anwendungsziele zur Durchführung von Schmutzfracht Berechnungen. 1. Arbeitsbericht der ATV-AG 1. 9. 3 "Schmutzfrachtberechnung", Korrespondenz Abwasser H. 8/1985.

ATV AG 1. 9. 3(86)　　Der Schmutz-Niederschlag-Transport-Prozeß-Phänomeno-logische Beschreibung und Terminologie. 2. Arbeitsbericht der ATV-AG 1. 9. 3 "Schmutzfrachtberechnung", Korrespondenz Abwasser H. 3/1986.

ATV AG 1. 9. 3(88)　　Charackterisierung von Schmutzfrachtberechnungsmethoden - Anwendungsziele, Systemstruktur, Datenbasis, Ergebnisse. 4. Arbeitsbericht der ATV-AG 1. 9. 3 " Schmutzfrachtberechnung ", Korrespondenz Abwasser H. 3/1988.

ATV AG 1. 9. 3(89)　　Ausgewählte Grundlagen für die Anwendungsziele von Schmutzfrachtberechnungensmethoden. 5. Arbeitsbericht der ATV-AG 1. 9. 3 "Schmutzfrachtberechnung", Korrespondenz Abwasser H. 12/1989.

Brunner, P. G. (75)　　Die Verschmutzung des Regenwasserabflußes im Trennverfahren, Untersuchungen unter besonderer Berücksichtigung der Niederschlags-Verhältnisse im voralpinen Raum. Berichte aus Wassergütewirtschaft und Gesundheitsingenieurwesen der TU München, Nr. 9, 1975.

Durchschlag, A. (89)　　Bemessung von Mischwasserspeichern im Nachweisverfahren der Berücksichtigung der Gesamtemission von Mischwasserentlastung und Kläranlagenablauf. Schriftenreihe für Stadtentwässerung und Gewässerschutz, Bd. 3, 1989.

Euler, G. ,
Jacobi, D.
Heizelmann, CH. (85)　　Die Berechnung des Schmutzfrachtabfluβes aus Niederschlägen. Eine vergleichende Darstellung und Wertung der Modellansätze. Techn. Berichte Nr. 33 aus dem Institut für Wasserbau, Fachgebiet Ingenieurhydrologie und Hydraulik der TH Darmstadt, 1985.

Geiger，W. F.（84）　　　Mischwasserabfluß und dessen Beschaffenheit，ein Beitrag zur Kanalnetzplanung. Berichte aus Wassergütewirtschaft und Gesundheitsingenieurwesen der TU München，Nr. 50，1984.

Göttle，A.（79）　　　Ursachen und Mechanismen der Regenwasser verschmutzung，ein Beitrag zur Modellierung der Abflußbeschaffenheit in städtischen Gebieten. Berichte aus Wassergütewirtschaft und Gesundheitsingenieurwesen der TU München，Nr. 23，1978.

Hailer，W.（86）　　　Einfluß des Einzugsgebietes auf die Rückhaltung von Schmutzfrachten an Regenüberlaufbecken. Korrespondenz Abwasser：Teil 1，H. 6/1986，Teil 2 H. 7/1986.

Hirthammer（89）　　　Betriebsaufzeichnungen zur Überwachung von Regenüberlaufbecken. Formblatt der ATV-Landesgr uppe Bay-ern，Hirthammer Verlag，München，1989.

Jacobi，D.（88）　　　Unterscheidungsmerkmale von Schmutzfrachtberechnungsmethoden. Korrespondenz Abwasser H. 1/1988.

Kaul，G.（86）　　　Mindestabfluß von Drosseleinrichtungen in Mischwasser kanälen. Korrespondenz Abwasser H. 7/1986.

Krauth，Kh.（79）　　　Der Regenabfluß und seine Behandlung beim Mischverfahren. Stuttgarter Berichte zur Siedlungswasserwirtschaft，Bd. 66，München，1979.

Meißner，E.（88）　　　Vereinfachtes Verfahren zur Abschätzung entlasteter Jahresschmutzfrachten aus Mischkanalisationen. Korrespondenz Abwasser，H. 11/1988.

Paulsen，O.（87）　　　Kontinuierliche Simulation von Abflüssen und Stofffrachten in der Trennentwässerung. Mitteilungen aus dem Institut für Wasserwirtschaft，Hydrologie und landwirtschaftlichen Wasserbau der Universität Hannover，Nr. 62，1987.

Pecher，R.（86）　　　Kosten der Regenwasserbehandlung in mischkanalisierten Entwässerungsgebieten und Auswirkungen auf den Gewässerschutz. gwf Wasser Abwasser，H. 8/1986.

Pfeiff, S. (88)　　　　Die Entwicklung der Methoden zur Berechnung der Regenentlastungen von Mischwasserkanälen. Schriftenreihe für Städtentwässerung und Gewässerschutz, Heft 2, 1988, S. 55-72.

Schmitt, T. G. (85)　　Der instationäre Kanalabfluß in der Schmutzfrachtmodellierung. Schriftenreihe des Instituts für Siedlungswasserwirtschaft der Universität Karlsruhe, Bd. 42, 1985.

Sperling, F. (85)　　　Auswirkung von Regenwassereinleitung aus Mischkanalisationen auf die Gewässergüte. Vortrag 18, Essener Tagung, Febr. 1985.

Stier, E. (86)　　　　Untersuchungsprogramm an Regenüberlaufbecken in Bayern, Zwischenbericht. Korrespondenz Abwasser, H. 1/1986.

Stier, E. (87)　　　　Planungshilfen für die Gestaltung von Regenüberlaufbecken. Informationsberichte Bayerisches Landesamt für Wasserwirtschaft, H. 1/1987.

　　　　　　　　　　Abschlußbericht des Forschungsvorhabens " Lokale Steuerungseinrichtungen in Kanalnetzen ": RWTH Aachen, Institut für Siedlungswasserwirtschaft, 1990.

　　　　　　　　　　Regenwasserbehandlung in Baden-Württemberg. Ministerium fur Umwelt, Heft 20, Stuttgart 1987.

著作权合同登记图字：01-2023-1050 号

图书在版编目（CIP）数据

合流制排水系统溢流控制设施设计计算指南 ＝
Standards for the Dimensioning and Design of
Stormwater Structures in Combined Sewers
（ATV - A 128E）/ 德国水、污水和废弃物处理协会（DWA）
编著；北京雨人润科生态技术有限责任公司等译；赵杨，
陈灿主译. — 北京：中国建筑工业出版社，2023.4（2023.12 重印）
书名原文：Standards for the Dimensioning and
Design of Stormwater Structures in Combined Sewers
（ATV - A 128E）
ISBN 978-7-112-28408-5

Ⅰ. ①合… Ⅱ. ①德… ②北… ③赵… ④陈… Ⅲ.
①排水工程－建筑设计－指南 Ⅳ. ①TU992.02-62

中国国家版本馆 CIP 数据核字（2023）第 032832 号

合流制排水系统溢流控制设施设计计算指南
Standards for the Dimensioning and Design of
Stormwater Structures in Combined Sewers
（ATV -A 128E）

德国水、污水和废弃物处理协会	编著
北京雨人润科生态技术有限责任公司	
北京建筑大学	
中持水务股份有限公司	译
泗鸿（上海）环保工程设备有限公司	
赵　杨　陈　灿	主译
车　伍　张翼飞　朱珑珑	主审

＊

中国建筑工业出版社出版、发行（北京海淀三里河路9号）
各地新华书店、建筑书店经销
北京红光制版公司制版
北京中科印刷有限公司印刷

＊

开本：880 毫米×1230 毫米　1/32　印张：3¾　字数：109 千字
2023 年 4 月第一版　　2023 年 12 月第三次印刷
定价：**32.00** 元
ISBN 978-7-112-28408-5
（40665）

版权所有　翻印必究
如有印装质量问题，可寄本社图书出版中心退换
（邮政编码 100037）